集体伙食菜肴标准化制作教程系列丛书

成都军区联勤部军需物资油料部
总主编　党恩成　郁培成

集体伙食菜肴标准化制作教程

JITI HUOSHI CAIYAO BIAOZHUNHUA ZHIZUO JIAOCHENG

主　　审　周世中
本册主编　卢　黎
本册副主编　陈应富

西南交通大学出版社
Http://press.swjtu.edu.cn

图书在版编目（CIP）数据

集体伙食菜肴标准化制作教程. 春季篇 / 党恩成，郁培成主编；卢黎分册主编. —成都：西南交通大学出版社，2011.11（2021.9 重印）
集体伙食菜肴标准化制作教程系列丛书
ISBN 978-7-5643-1403-3

Ⅰ. ①集… Ⅱ. ①党… ②郁… ③卢… Ⅲ. ①公共食堂—菜谱—教材 Ⅳ. ①TS972.166

中国版本图书馆 CIP 数据核字（2011）第 185721 号

集体伙食菜肴标准化制作教程系列丛书
集体伙食菜肴标准化制作教程
春 季 篇
总 主 编 党恩成 郁培成
本册主编 卢 黎

责任编辑	黄淑文
特邀编辑	杨岳峰
封面设计	墨创文化
出版发行	西南交通大学出版社 （四川省成都市金牛区二环路北一段 111 号 西南交通大学创新大厦 21 楼）
发行部电话	028-87600564 028-87600533
邮政编码	610031
网 址	http: //press.swjtu.edu.cn
印 刷	四川玖艺呈现印刷有限公司
成品尺寸	185 mm×260 mm
印 张	9
字 数	223 千字
版 次	2011 年 11 月第 1 版
印 次	2021 年 9 月第 2 次
书 号	ISBN 978-7-5643-1403-3
定 价	45.00 元

集体伙食菜肴

标准化制作教程系列丛书

编 委 会

主　任　党恩成　郁培成

副主任　任志宏　周世中

　　　　邓治永　陈　军

编　委　孙　峰　樊　成

　　　　程晋雷　伏　嘉

　　　　郑　勇　罗　锐

　　　　孔令勇　李　想

　　　　刘思奇

序言

民以食为天，兵以食为安。部队集体伙食，从古至今都是部队战斗力生成的重要途径之一。做好部队集体伙食保障工作，对于增强官兵身体素质，维系体能、智能，凝聚兵心、鼓舞士气、激发战斗精神，具有重要的作用。

中华饮食文化源远流长，博大精深，魅力独特。食分主副，居于副食地位的菜肴，在千百年的演变中逐步成为饮食文化的主角。随着人类社会的进步，主副食品日益丰富，烹制方法、手段日趋多样，人们的饮食观念不断发生变化。人们在追求菜肴色香味形器的同时，更加注重膳食的科学与卫生。在吃饱吃好的前提下，吃出营养、吃出健康逐渐成为一种时尚和潮流。部队伙食保障工作面向广大官兵，服务对象众多，任务需求特殊，保障要求较高。特别是近年来，总部提出了建设现代军营饮食文化，推动饮食保障向“健康、文明、安全、质量、人文、效益”方向发展，不断提升官兵生活品质的目标，对集体伙食菜肴制作提出了新的、更高的要求。

为推动现代军营饮食文化建设，适应部队作战训练需求，更好地保障官兵生活，促进科学膳食、营养平衡，成都军区联勤部军需物资油料部组织军地专家，在充分吸取集体饮食保障实践经验的基础上，编写了这套《集体伙食菜肴标准化制作教程系列丛书》。该套书结合部队平战保障需要，从营养搭配、烹饪技法、投料标准等方面，对集体伙食菜肴制作进行了总结、梳理和规范，形成了集体菜肴系列，希望能对提高部队官兵伙食保障水平起到积极作用。

本套书在编撰过程中得到了四川烹饪高等专科学校烹饪系领导和专家、教授的大力支持，在此表示衷心感谢！由于时间仓促，知识水平受限，书中难免出现一些不足，恳请各位专家、广大读者批评指正。

成都军区联勤部军需物资油料部部长

二〇一一年七月

前言

《集体伙食菜肴标准化制作教程系列丛书》编委会按照中央军委全面建设现代后勤，保障部队官兵饮食向“健康、文明、安全、质量、人文、效益”方向发展的要求，结合部队官兵每日伙食的供给标准、部队伙食保障的实际情况及官兵膳食由“温饱型”向“营养型”转变的特殊需求，统一制定了集体伙食的原料质量、操作程序及成菜标准，组织了多位教授、专家、烹饪大师、名师进行编写、实验、制作和修订，聘请了专业摄影人员进行拍照，组织了营养专家进行营养素的分析、测试和计算，在此基础上，编撰成文。本书在编写过程中首先考虑了春季原料供应的实际情况及部队采购的特点，兼顾了各种口味及合理膳食营养的需求，侧重于西南地区地方饮食特色。本书筛选了50道主菜、8道汤菜和5道主食，选择了“禽畜肉、水产品、豆制品、蛋类、蔬菜类、粮谷类”等常用原料，囊括了“烧、炒、爆、烩、炸、卤、炖”等常见的烹调方法，同时兼顾了部队日常保障和野战条件下的实际操作环境，经过编委会多次讨论、实验、测试，最终确定了制作成菜相应的原料质量、操作程序、成菜标准和营养成分。本书结构合理，内容实用，体例富有创新性，针对性、实用性和操作性强，对于部队伙食制作人员来说易学易懂易操作，是一本具有前瞻性的培训教材。

本书由四川烹饪高等专科学校烹饪系卢黎副教授任主编，陈应富副教授任副主编并协助菜品制作；主食由罗文老师编写并制作；李凯、欧阳灿老师负责摄影；刘思奇、詹珂、李想三位老师进行营养分析和测试；李想老师对文字、图片进行了统撰；周世中副教授做了最后的审校工作。初稿完成后，成都军区联勤部军需物资油料部组织了军队和地方有关专家、教授进行会审，并提出了宝贵意见。本书在编写的过程中，还得到了四川师范大学后勤服务公司饮食中心石磊总经理，四川烹饪高等专科学校后勤服务总公司刘培文总经理、学苑餐厅马正枢副经理，成都徐记家婆菜酒楼和西南交通大学出版社的大力支持，在此一并表示感谢。

由于丛书编写时间仓促，不足之处在所难免，恳请读者批评指正。

《集体伙食菜肴标准化制作教程系列丛书》编委会

2011年7月

集体伙食菜肴

标准化制作教程系列丛书

MULU 目录

MULU 目录

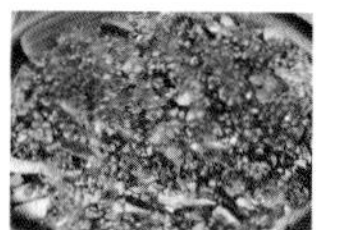

使用说明

1. 本教程中所用主、辅料均为净料；猪肉一般均指无皮净肉；豆瓣、泡辣椒末为细茸状。

2. 考虑到部队的野战实际情况，鲜汤一般用浓缩鸡汁100 g与沸水10 000 g混合制成。

3. 炉灶火力在实际操作中存在不确定因素，因此，本教程中所指与火力相关之加热时间仅供参考，本教程中或采用状态描述以帮助掌握。

4. 本教程中所列原料成形规格、方法及适用范围等见表1~8。

表1　丝的成形及适用范围

品名	成形规格	成形方法	适用范围
头粗丝	10 cm长 × 0.4 cm见方	先用直刀法将原料切成10 cm长的整形，再切（片）成0.4 cm厚的片，最后直切成0.4 cm见方的丝	炒、干煸、烩、凉拌等菜肴
二粗丝	10 cm长 × 0.3 cm见方	先用直刀法将原料切成10 cm长的整形，再切（片）成0.3 cm厚的片，最后直切成0.3 cm见方的丝	烩、炒、汆、凉拌等菜肴
细丝	10 cm长 × 0.2 cm见方	先用直刀法将原料切成10 cm长的整形，再切（片）成0.2 cm厚的片，最后直切成0.2 cm见方的丝	熘、凉拌、烩等菜肴
银针丝	10 cm长 × 0.1 cm见方	先用直刀法将原料切成10 cm长的整形，再切（片）成0.1 cm厚的片，最后直切成0.1 cm见方的丝	菜肴装饰、凉拌等菜肴

表2　丁的成形及适用范围

品名	成形规格	成形方法	适用范围
大丁	2 cm见方的正方体	先将原料切成2 cm厚的片，再切成2 cm宽的长条，最后切成2 cm见方的正方体	炒、烧、炸收、凉拌等菜肴
小丁	1.2 cm见方的正方体	先将原料切成厚约1.2 cm的片，再切成1.2 cm宽的长条，最后切成1.2 cm的正方体	炒、烧、凉拌等菜肴

表 3 片的成形及适用范围

品名	成形规格	成形方法	适用范围
牛舌片	长10 cm × 宽3 cm × 厚0.1 cm	先将原料切成10 cm长、3 cm宽的块，再片成0.1 cm厚的薄片，用清水浸泡卷曲即可	凉拌菜肴
灯影片	长8 cm × 宽4 cm × 厚0.1cm	先将原料切成8 cm长、4 cm宽的大块，再片成0.1 cm厚的片	炸、凉拌等菜肴
菱形片	长轴5 cm × 短轴2.5 cm × 厚0.2 cm	方法一：将原料切成2.5 cm宽、0.2 cm厚的长片，再将长片切成菱形即可； 方法二：将原料切成长轴5 cm、短轴2.5 cm的菱形块，再将块切成0.2 cm厚的片即可	炒、烩、凉拌等菜肴
麦穗片	长10 cm × 宽2 cm × 厚0.2 cm（形如麦穗）	先将原料切成10 cm长、2 cm宽的锥形块，再将块的两边修成均匀的锯齿形，最后将其切成0.2 cm厚的片即可	烩、蒸等菜肴
骨牌片	长6 cm × 宽2 cm × 厚0.4 cm	先将原料切成6 cm长、2 cm宽的块，再切成0.4 cm厚的片	烧、烩、焖等菜肴
二流骨牌片	长5 cm × 宽2 cm × 厚0.3 cm	先将原料切成5 cm长、2 cm宽的块，再切成0.3 cm厚的片	烧、烩、焖等菜肴
指甲片	长1.2 cm × 宽1.2 cm × 厚0.2 cm	先将原料切成1.2 cm见方的长条，再横切成0.2 cm厚的片	烩、羹汤等菜肴和姜、蒜的成形等
连刀片	长10 cm × 宽4 cm × 厚0.3 cm（两片相连）	先将原料切成10 cm长、4 cm宽的块，再两刀一断将原料切成0.3 cm厚的片	蒸、炸等菜肴
柳叶片	长6 cm × 厚0.3 cm（形如柳叶）	先将原料修成一边厚一边薄的6 cm长的块，再将原料切成0.3 cm厚的片	炒、凉拌等菜肴和拼盘装饰

表 4 条的成形及适用范围

品名	成形规格	成形方法	适用范围
一指条（一字条）	长6 cm×1.2 cm见方的条状	方法一：先将原料切成1.2 cm见方的长条，再切成6 cm长的条； 方法二：先将原料切成6 cm长的段，再切成1.2 cm厚的片，最后将厚片切成1.2 cm见方的条	烧、烩、煨、焖等菜肴
小一指条（小一字条）	长5 cm×1 cm见方的条状	方法一：先将原料切成1 cm见方的长条，再切成5 cm长的条； 方法二：先将原料切成5 cm长的段，再切成1 cm厚的片，最后将厚片切成1 cm见方的条	烧、烩、煨、焖等菜肴
筷子条	长4 cm×0.6 cm见方的条状	方法一：先将原料切成0.6 cm见方的长条，再切成4 cm长的条； 方法二：先将原料切成4 cm长的段，再切成0.6 cm厚的片，最后将厚片切成0.6 cm见方的条	炒、熘、凉拌等菜肴
象牙条	长5 cm×1 cm见方的梯形	先将原料切成5 cm长的段，再切成1 cm厚的梯形片，最后将厚片切成1 cm宽的条	炒、熘、凉拌等菜肴

表 5 块的成形及适用范围

品名	成形规格	成形方法	适用范围
菱形块	长轴4 cm×短轴2.5 cm×厚2 cm	先将原料切成2 cm厚的片，再切成2 cm宽的条，最后再顺着条形45°夹角直刀切成块	烧、烩、煨、焖、熘等菜肴
长方块	长4 cm×宽2.5 cm×厚1 cm	先将原料切成宽2.5 cm、长4 cm的胚料，最后再切成1 cm厚的块	烧、烩、焖、煮等菜肴
滚刀块	长4 cm的多面体	原料和刀的夹角约45°，以原料滚动速度微快于运刀频率直刀切下	烧、烩、煨、焖、煮等菜肴
梳子块	长3.5 cm×厚0.8 cm的多面体	原料和刀的夹角约45°，以原料滚动速度微快于运刀频率直刀切下	炒、熘、烩等菜肴

表 6　粒、末和茸的成形及适用范围

品名	成形规格	成形方法	适用范围
黄豆粒	0.6 cm见方，形如黄豆	先将原料切成0.6 cm厚的片，再切成0.6 cm宽的条，最后切成0.6 cm见方的粒	炒、烩、凉拌等菜肴
绿豆粒	0.4 cm见方，形如绿豆	先将原料切成0.4 cm厚的片，再切成0.4 cm宽的条，最后切成0.4 cm见方的粒	炒、烩等菜肴和馅料
米粒	0.2 cm大小，形如米粒	先将原料切成0.2 cm厚的片，再切成0.2 cm宽的条，最后切成0.2 cm见方的粒	馅料、点缀及姜、蒜调味
末	0.1 cm大小，细末状	将原料剁成细末状	馅料、点缀及姜、蒜调味
茸（泥）	不现颗粒，形如泥茸	将原料用刀背捶或用刀剁成极细的茸状	制糁、调味品制作等

表 7　花形原料成形及适用范围

品名	成形规格及方法	适用范围	图例
眉毛形	在0.5 cm厚的原料上，先直刀锲，刀距0.3 cm，深度为原料的1/2，再将原料旋转90°，直刀切成0.3 cm宽、10 cm长的三刀一断的条	猪腰、鱿鱼等	
凤尾形	在约10 cm长、1 cm厚的原料上，先斜刀锲，刀与菜墩成一定角度，刀距0.3 cm，深度为原料的1/2，再将原料顺时针旋转90°，改用直刀锲，刀距0.3 cm，三刀一断，切成前段断开、后段连接的条状	猪腰、猪肚等	
荔枝形	在0.8 cm厚的原料上，采用斜刀法锲出0.5 cm宽、原料2/3深的十字交叉花纹，再将原料顺纹路切成5 cm长、3 cm宽的长方形块	猪肚、猪腰、鱿鱼、兔肉等	
菊花形	在2.5 cm厚的原料上，采用直刀锲的方法锲出0.3 cm宽、原料4/5深的垂直交叉十字花形，再将原料切成约2.5 cm见方的块，经加热后卷缩呈菊花状	鸭肫、猪里脊、鱿鱼等	
鳞毛形	先逆着肌肉纤维方向斜锲，刀距0.4 cm、深度为原料的4/5，再顺肌肉纤维方向直刀锲，刀距0.4 cm、深度为原料的4/5。加热时将原料形状整理成鳞毛披覆状	整鱼、鱿鱼等	

表 8 常见蔬菜类调料成形及适用范围

品名	成形名称	成形规格	成形方法	适用范围
蒜	蒜片	1 cm见方、0.2 cm厚	将大蒜去皮洗净，切成0.2 cm厚的片	用于主料呈片状的菜肴
	蒜丝	0.2 cm粗，大蒜自然长度	先切片，再切丝	用于主料呈丝状的菜肴
	蒜末	细米粒状	将丝切成细末	主要用于突出蒜味的菜肴及调味
姜	姜片	1 cm见方、0.2 cm厚	姜洗净去皮，切成1 cm见方、0.2 cm厚的片	用于主料呈片状的菜肴
	姜丝	2 cm长、0.15 cm粗的丝	先将姜洗净去皮，切成0.15 cm厚的长片，再切成丝	用于主料呈丝状的菜肴
	姜末	细米粒状	将丝切成细末	主要用于突出姜味的菜肴及调味
	长葱	8 cm长的段	选用最粗的葱白，两端直切成8 cm长	主要用于烧、烩菜肴
葱	寸葱	3 cm长的段	选用较粗的葱白，两端直切成3 cm长	主要用于炒制菜肴
	开花葱	5 cm长、花形	选用较粗的葱白，先切成5 cm长的段，再将两端用刀各划八刀，放入清水中浸泡，让其向外翻卷开花	烧烤、酥炸菜肴配的葱酱味碟
	马耳朵葱	3 cm长、两端呈斜面	选用较粗的葱，采用刀与葱成30° 角或斜刀的方法切成3 cm长的节	多用于炒、熘等菜肴
	弹子葱	1.5 cm长的圆柱状	选用较粗的葱，直刀切成1.5 cm长的丁	主要用于主料呈丁或块状的炒爆菜肴
	银丝葱	8 cm长的丝状	选用最粗的葱，先从中间对剖，擦手切成丝	多用于菜肴垫底或盖面，点缀或装饰菜肴
	鱼眼葱	0.5 cm大小，颗粒状	选用较细的葱，切成0.5 cm长的颗粒状	多用于烧以及炒制鱼香味菜肴
	眉毛葱	长约8 cm，近似于丝状	选用最粗的葱，以最小角度将其切成片状，近似于眉毛形	多用于清蒸鱼类菜肴盖面
	葱花	约0.3 cm长	选用最小的葱，将其擦手直切成细花状	多用于面食、凉菜、汤菜，一般不需加热

品名	成形名称	成形规格	成形方法	适用范围
干辣椒	干辣椒段	2~3 cm长的段	干辣椒去籽，直刀切成2~3 cm长的节	主要用于炝、炒、炸收、烧等菜肴
	干辣椒丝	6 cm长的丝	干辣椒去籽，对剖后直刀切成6 cm长的细丝	主要用于干煸菜肴
泡辣椒	泡辣椒末	细末状	泡辣椒去蒂、去籽，用刀剁或用机器绞成细末状	多用于鱼香味或增色菜肴
	泡辣椒段	6 cm长的段	泡辣椒去蒂、去籽，用刀直切成6 cm长的段	多用于烧、烩、煸炒等菜肴
	马耳朵泡辣椒	3 cm长的节	泡辣椒去蒂、去籽，让用刀与泡辣椒成45° 角切成3 cm长的段	多用于炒制菜肴
	泡辣椒丝	6 cm长的丝	泡辣椒去蒂、去籽，用刀切成细丝	多用于菜肴盖面
蒜苗	马耳朵蒜苗	3 cm长、两端呈斜面状	选用较粗的蒜苗，采用刀与蒜苗成30° 角或斜刀的方法切成3 cm长的节	多用于炒制菜肴
	蒜苗段	6 cm长的段	选用较粗的蒜苗，用刀先将蒜苗头轻轻拍破，再将其切成6 cm长的段	主要用于烧、煮等菜肴
	蒜苗丝	6 cm长的粗丝	选用较粗的蒜苗，切成6 cm长的段，将其从中间对剖，再对剖成粗丝	多用于炒、爆菜肴
	蒜苗花	0.5 cm长的颗粒	选用较细的蒜苗，将其直切成约0.5 cm长的细花状	主要用于岔色的烧菜等

5. 本教程中所用主要调料标准见表9。

表 9　各种主要调料标准

原料	标　　准
精盐	一级食用盐，四川省盐业总公司成都分公司2008年8月，执行标准：GB5461
色拉油	“海皇”一级大豆油，广汉益海粮油有限公司2008年9月，产品标准号：GB1535
郫县豆瓣	“鹃城牌”一级豆瓣，四川省郫县豆瓣股份有限公司2008年9月，执行标准：GB/T20560
豆豉	“永川”家乡豆豉，重庆市永川豆豉食品有限公司2008年8月，执行标准：DB50/248—2007
酱油	“大王”特级酱油，成都市大王酿造食品有限公司2008年9月，产品标准号：GB18186

原料	标　　准
醋	“保宁”特级醋，四川保宁醋有限公司2008年9月，产品标准号：Q/21010702.5.001—2005
浓缩鸡汁	浓缩鸡汁调味料，联合利华食品（中国）有限公司2008年6月，产品标准号：Q/TNBE025
醪糟	“旭旺坊”天府醪糟，成都天府宴食品有限责任公司2008年9月，执行标准：Q/20249912-9.7—2007
白糖	“三山”白砂糖，耿马南华华侨糖业有限公司2008年8月，执行标准：GB317—2006
五香粉	西安市佳香调味食品有限公司，执行标准：Q/JX001
胡椒粉	“味美好”白胡椒粉，上海味美好食品有限公司，执行标准：Q/YCPI 1
香油	“建华”小磨纯芝麻香油，四川省成都建华香油厂2008年9月，执行标准：GB/T8233
花椒	“友加”汉源花椒，四川友加食品有限公司2008年9月，执行标准：Q/77745553-0.003
料酒	“银明”调味料酒，四川省仪陇银明黄酒有限责任公司2008年8月，执行标准：SB/T10416
碎米芽菜	“宜宾”碎米芽菜，四川宜宾碎米芽菜有限公司2008年7月，执行标准：Q/20891109-X.1
豆腐乳	“桥牌”豆腐乳，四川五通桥德昌源酱园厂2008年8月，产品标准号：SB/T10170
松肉粉	“安多夫”松肉粉，广州家乐食品有限公司2008年6月，产品标准号：Q/(QB)E3114
味精	“豪吉”味精，四川豪吉食品有限公司2008年8月，产品标准号：GB/T8967
鸡精	“豪吉”鸡精，四川豪吉食品有限公司2008年8月，产品标准号：Q/73161479-4,01
蚝油	“李锦记”财神蚝油，李锦记（广州）食品有限公司2008年9月，产品标准号：Q/XLKK9
小米辣椒	“乐江”小米辣（酱腌菜），成都市武侯区金友邦食品厂2008年9月，执行标准：Q/L0801772—3.01
淀粉	“天泉”特制玉米淀粉，曲沃县天泉淀粉加工有限公司2008年8月，执行标准：GB8885—88
蒸肉米粉	“友加”蒸肉粉，四川友加食品有限公司，执行标准：Q/77745553-0.002
花椒油	“友加”汉源花椒油，四川友加食品有限公司2008年8月，执行标准：Q/77745553-0.001
番茄酱	“美瑰”番茄沙司，上海红月调味品有限公司，执行标准：Q/ILVC 05
甜面酱	成都“罗氏”甜面酱，成都罗氏食品酱园厂，执行标准：DB51/T397
辣椒面（粉）	“蜀驿”二荆条海椒面（粉），成都龙泉家好食品有限公司2008年7月，执行标准：Q/20224241—1.3
火锅料	“友联”大重庆火锅浓缩底料，成都友联兴达实业有限公司，执行标准：Q/71307438-4.2

上述主要原料标准仅为四川烹饪高等专科学校《集体伙食菜肴标准化制作教程系列丛书》实验中的执行标准，供参考，在实际操作中应根据当地情况选用各种原料。

因时间仓促、实验条件所限等，对本丛书中所存疏漏之处，真诚欢迎批评指正，以便修改。

四川烹饪高等专科学校
《集体伙食菜肴标准化制作教程系列丛书》编写组
2011年7月

集体伙食菜肴标准化制作教程

春季篇

SUANTAI ROUSI

蒜薹肉丝

原料质量

原料名称	质量
猪臀肉	5 000 g
蒜薹	5 000 g
郫县豆瓣	800 g
精盐	100 g
味精	10 g
料酒	100 g
酱油	100 g
鲜汤	600 g
水淀粉	600 g
色拉油	750 g

成菜标准

色泽：棕红色。

形态：丝状，饱满、紧汁亮油。

口感：细嫩、脆。

味感：咸鲜微辣，香味浓郁。

操作程序

刀工处理

将猪肉切成二粗丝，蒜薹切成4 cm长的段。

预制加工

将蒜薹放入沸水中焯水至断生，捞出用清水漂凉，沥干水分待用。

正式烹制

1. 将肉丝放入容器里，用精盐50 g、料酒50 g码味，再用水淀粉300 g拌匀上浆待用。
2. 将精盐、味精、酱油、料酒、鲜汤、水淀粉兑成味汁。
3. 锅内放入色拉油，旺火加热至180 ℃放入肉丝炒散籽变白，下郫县豆瓣炒香上色，再加入蒜薹炒匀，将味汁烹入锅中炒匀，待淀粉糊化收汁亮油，盛入盆内即成菜。

营养成分

热量	29 905 kcal*	硫胺素	16.8 mg
蛋白质	803 g	核黄素	13.8 mg
脂肪	2 637 g	抗坏血酸	1 750 mg
膳食纤维	148 g	钙	3 625 mg
碳水化合物	960 g	铁	220.1 mg
视黄醇当量	11 386 μg	锌	130.7 mg

*注：1 kcal≈4.2 J。

JIUHUANG ROUSI

韭黄肉丝

原料质量

原料名称	质量
猪臀肉	5 000 g
韭黄	5 000 g
泡红辣椒	200 g
精盐	80 g
胡椒粉	8 g
味精	10 g
料酒	150 g
酱油	100 g
醋	100 g
鲜汤	600 g
水淀粉	500 g
色拉油	750 g

成菜标准

色泽：浅茶色。

形态：丝状，饱满、紧汁亮油。

口感：细嫩、脆。

味感：咸鲜香浓。

操作程序

刀工处理

1. 将猪肉切成10 cm × 0.3 cm的二粗丝。
2. 泡红辣椒去蒂去籽，切成2 cm长的节；韭黄切成3 cm长的节。

正式烹制

1. 将肉丝放入容器里，用精盐50 g、酱油、料酒码味，再用水淀粉300 g拌匀上浆待用。
2. 将精盐、味精、胡椒粉、醋、鲜汤、水淀粉兑成味汁。
3. 锅内放入色拉油，旺火加热至180 ℃放入泡红辣椒炒香，再将肉丝炒散籽变白，加入韭黄炒断生，将味汁烹入锅中炒匀，待淀粉糊化收汁亮油，盛入盆内即成菜。

营养成分

热量	33 263 kcal	硫胺素	12.3 mg
蛋白质	790 g	核黄素	1 088.5 mg
脂肪	3 123 g	抗坏血酸	2 100 mg
膳食纤维	70 g	钙	914 mg
碳水化合物	723 g	铁	143.3 mg
视黄醇当量	17 450 μg	锌	107.8 mg

QINGJIAO ROUSI

青椒肉丝

原料质量

原料名称	质量
猪臀肉	5 000 g
青椒	5 000 g
精盐	125 g
味精	10 g
胡椒粉	8 g
料酒	100 g
酱油	100 g
鲜汤	600 g
水淀粉	600 g
色拉油	750 g

操作程序

刀工处理

1. 将猪肉切成二粗丝。
2. 青椒去蒂去籽切成粗丝。

预制加工

将青椒放入沸水中焯水至断生，捞出用清水漂凉，沥干水分待用。

正式烹制

1. 将猪肉用精盐50 g、料酒100 g、酱油码味，再用水淀粉300 g拌匀上浆待用。
2. 将精盐、味精、胡椒粉、鲜汤、水淀粉兑成味汁。
3. 锅内放入色拉油，旺火加热至180℃，放入肉丝炒散籽变白，加入青椒炒匀至断生，然后将味汁烹入锅中炒匀，待淀粉糊化收汁亮油，盛入盆内即成菜。

成菜标准

色泽：浅棕红色。

形态：丝状，饱满、紧汁亮油。

口感：细嫩、脆。

味感：咸鲜清香。

营养成分

热量	28 733 kcal	硫胺素	12.6 mg
蛋白质	739 g	核黄素	10.2 mg
脂肪	2 613 g	抗坏血酸	3 100 mg
膳食纤维	106 g	钙	1 269 mg
碳水化合物	790 g	铁	142.7 mg
视黄醇当量	8 550 μg	锌	117.1 mg

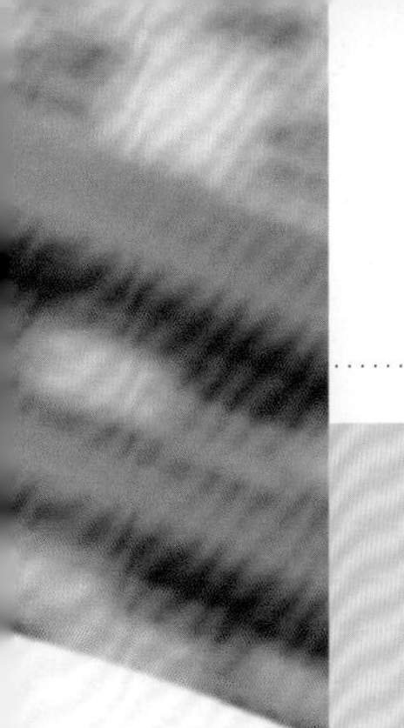

LAZI ROUDING

辣子肉丁

【原料质量】

原料名称	质量
猪腿肉	5 000 g
净青笋	5 000 g
姜片	150 g
蒜片	250 g
葱丁	600 g
泡辣椒末	750 g
精盐	125 g
白糖	50 g
味精	10 g
料酒	100 g
酱油	100 g
醋	50 g
鲜汤	600 g
水淀粉	500 g
色拉油	750 g

【成菜标准】

色泽：红亮。

形态：丁形状饱满、紧汁亮油。

口感：肉质细软、笋丁脆爽。

味感：咸鲜微辣、香味浓郁。

【操作程序】

刀工处理

将猪肉、青笋分别切成1.5 cm见方的丁。

预制加工

青笋丁用精盐40 g腌渍，自然沥干水分备用。

正式烹制

1. 将肉丁用精盐50 g、料酒50 g码味，再用水淀粉300 g拌匀上浆待用。
2. 将精盐、白糖、味精、料酒、酱油、醋、鲜汤、水淀粉兑成味汁。
3. 锅内放入色拉油，旺火加热至180℃，放入肉丁炒散籽变白，放入泡辣椒末炒香炒红，再放入姜片、蒜片、葱丁炒出香味，加入青笋丁炒至断生后烹入味汁炒匀，待淀粉糊化收汁亮油，盛入盆内即成菜。

【营养成分】

热量	28 695 kcal	硫胺素	12.2 mg
蛋白质	735 g	核黄素	10.5 mg
脂肪	2 627 g	抗坏血酸	248 mg
膳食纤维	38 g	钙	2 690.5 mg
碳水化合物	750 g	铁	181.2 mg
视黄醇当量	7 010 μg	锌	125.4 mg

XIANGGU ROUDING

香菇肉丁

原料质量

原料名称	质量
猪腿肉	5 000 g
香菇	5 000 g
姜片	150 g
蒜片	300 g
葱丁	600 g
马耳朵泡辣椒	500 g
精盐	125 g
味精	10 g
胡椒粉	8 g
料酒	100 g
酱油	75 g
鲜汤	500 g
水淀粉	750 g
色拉油	600 g

成菜标准

色泽：自然美观。
形态：形状饱满、紧汁亮油。
口感：肉质细嫩。
味感：咸鲜鲜香。

操作程序

刀工处理

猪肉切成1.5 cm见方的丁。香菇去菌柄切成四芽瓣。

预制加工

香菇放入沸水锅中焯水至断生，捞出用清水漂凉，沥干水分待用。

正式烹制

1. 将肉丁用精盐50 g、料酒码味，再用水淀粉300 g拌匀上浆待用。
2. 将精盐、味精、胡椒粉、酱油、鲜汤、水淀粉兑成味汁。
3. 锅内放入色拉油，旺火加热至180 ℃，放入肉丁炒散籽变白，放入马耳朵泡辣椒、姜片、蒜片、葱丁炒出香味，再放入香菇炒匀，烹入味汁炒匀，待淀粉糊化收汁亮油，盛入盆内即成菜。

【营养成分】

热量	30 086 kcal	硫胺素	11.3 mg
蛋白质	795 g	核黄素	13.6 mg
脂肪	2 737 g	抗坏血酸	98 mg
膳食纤维	173 g	钙	1 664.5 mg
碳水化合物	797 g	铁	155.2 mg
视黄醇当量	5 760 μg	锌	141.8 mg

CHUNSUN ROUPIAN

春笋肉片

【原料质量】

原料名称	质量
猪腿肉	5 000 g
春笋	5 000 g
姜片	150 g
蒜片	200 g
马耳朵葱	300 g
泡辣椒	300 g
精盐	125 g
味精	10 g
胡椒粉	8 g
料酒	100 g
鲜汤	600 g
水淀粉	500 g
色拉油	750 g

【成菜标准】

色泽：自然。
形态：形状饱满、紧汁亮油。
口感：肉片细软、春笋脆嫩。
味感：咸鲜清香。

【操作程序】

刀工处理

猪肉切成5 × 3 × 0.15 cm的片。春笋切成5 × 0.2 cm的片。

预制加工

春笋片放入沸水锅中焯水至断生，捞出用清水漂凉，沥干水分待用。

正式烹制

1. 将肉片用精盐50 g、料酒50 g码味，再用水淀粉300 g拌匀上浆待用。
2. 将精盐、味精、料酒、胡椒粉、鲜汤、水淀粉兑成味汁。
3. 锅内放入色拉油，旺火加热至180 ℃，放入肉片炒散籽变白，再放入泡辣椒、姜片、蒜片、马耳朵葱炒出香味，加入春笋片炒匀，烹入味汁炒匀，待淀粉糊化收汁亮油，盛入盆内即成菜。

营养成分

热量	28 630 kcal	硫胺素	11.5 mg
蛋白质	692 g	核黄素	9.6 mg
脂肪	3 364 g	抗坏血酸	73 mg
膳食纤维	22 g	钙	1 294 mg
碳水化合物	810 g	铁	143.8 mg
视黄醇当量	5 785 μg	锌	109.4 mg

【营养成分】

热量	29 623 kcal	硫胺素	12.7 mg
蛋白质	713 g	核黄素	9.9 mg
脂肪	2 619 g	抗坏血酸	450 mg
膳食纤维	33 g	钙	2 000 mg
碳水化合物	1 022 g	铁	158.2 mg
视黄醇当量	6 795 μg	锌	119.3 mg

YUXIANG ROUSI

鱼香肉丝

原料质量

原料名称	质量
猪臀肉	5 000 g
青笋	2 500 g
水发木耳	1 000 g
姜末	150 g
蒜末	200 g
葱花	300 g
泡椒末	500 g
精盐	125 g
味精	10 g
白糖	350 g
料酒	100 g
酱油	100 g
醋	250 g
鲜汤	500 g
水淀粉	500 g
色拉油	750 g

操作程序

刀工处理

猪肉切成二粗丝，青笋切成二粗丝，水发木耳切成粗丝。

预制加工

青笋丝用精盐25 g腌渍，自然滴干水分。

正式烹制

1. 将肉丝用精盐50 g、料酒50 g码味，再用水淀粉300 g拌匀上浆待用。
2. 将精盐、味精、白糖、料酒、酱油、醋、鲜汤、水淀粉兑成味汁。
3. 锅内放入色拉油，旺火加热至180 ℃，放入肉丝炒散籽变白，再放入姜末、蒜末、葱末、泡辣椒末炒出香味，放入青笋丝、木耳丝炒至断生，烹入味汁炒匀，待淀粉糊化收汁亮油，盛入盆内即成菜。

成菜标准

色泽：红亮。

形态：丝状，饱满、紧汁亮油。

口感：细嫩、脆爽。

味感：咸鲜微辣，鱼香味浓。

YANJIANROU

盐煎肉

原料质量

原料名称	质量
去皮猪腿肉	5 000 g
蒜苗	2 500 g
精盐	75 g
郫县豆瓣	900 g
豆豉	125 g
料酒	50 g
酱油	150 g
味精	10 g
白糖	100 g
色拉油	750 g

操作程序

刀工处理

1. 将去皮猪腿肉横着纹路切成6 cm×4 cm×0.2 cm的片。
2. 将蒜苗头轻轻拍破，斜刀切成马耳朵形，将蒜苗青叶切成3 cm的段。

正式烹制

锅内加入色拉油，旺火加热至180 ℃，放入肉片炒散籽变白，加入精盐15 g、料酒25 g炒至油变清亮时加入郫县豆瓣炒香上色；放入豆豉、酱油、料酒炒香炒匀；最后放入蒜苗炒至断生，加入精盐、味精、白糖炒匀，起锅盛入盆内即成菜。

成菜标准

色泽：红亮、蒜苗翠绿。
形态：片状完整。
口感：干香滋润。
味感：咸鲜微辣香浓。

营养成分

热量	28 436 kcal	硫胺素	13.9 mg
蛋白质	753 g	核黄素	11.9 mg
脂肪	2 630 g	抗坏血酸	875 mg
膳食纤维	110 g	钙	3 088 mg
碳水化合物	661 g	铁	180.6 mg
视黄醇当量	10 628 μg	锌	119.8 mg

TUDOU HONGSHAOROU

土豆红烧肉

【原料质量】

原料名称	质量
带皮五花肉	2 500 g
小土豆	3 500 g
姜片	100 g
葱丁	500 g
八角	10 g
山柰	10 g
郫县豆瓣	750 g
精盐	90 g
白糖	50 g
味精	10 g
料酒	100 g
鲜汤	3 000 g
色拉油	600 g

【成菜标准】

色泽：棕红色。
形态：块形完整。
口感：质地软熟。
味感：咸鲜微甜、味道浓厚。

【操作程序】

刀工处理

将猪肉切成2 cm大的块，小土豆切成两半。

预制加工

将猪肉、土豆分别放入沸水锅中水煮至断生捞出晾凉。

正式烹制

锅内放入色拉油，旺火加热至180 ℃，放入猪肉煸炒至吐油，加入郫县豆瓣炒香炒红，再加入姜片、葱丁、八角、山柰炒出香味，加入鲜汤、精盐、料酒、白糖、味精，沸后改用小火烧30分钟，加入土豆烧20分钟至软熟汁干，起锅盛入盆内即成菜。

【营养成分】

热量	18 516 kcal	硫胺素	8.5 mg
蛋白质	436 g	核黄素	7.5 mg
脂肪	1 550 g	抗坏血酸	985 mg
膳食纤维	85 g	钙	2 210.5 mg
碳水化合物	816 g	铁	118 mg
视黄醇当量	6 203 μg	锌	68 mg

BAOHUA ZHENGROU

刨花蒸肉

原料质量

原料名称	质量
带皮猪五花肉	5 000 g
芋头	2 500 g
蒸肉米粉	1 250 g
姜末	150 g
葱花	300 g
刀口花椒	100 g
郫县豆瓣	1 000 g
豆腐乳	100 g
精盐	75 g
酱油	100 g
料酒	100 g
味精	10 g
鲜汤	1 000 g
菜籽油	650 g

操作程序

刀工处理

1. 五花肉切成长8 cm×4 cm×0.2 cm的片。
2. 将芋头去皮后切成滚刀块。

预制加工

将郫县豆瓣炒香炒红，制成油酥豆瓣。

正式烹制

1. 将芋头放入盛器内，加入精盐25 g、豆瓣200 g、豆腐乳20 g、菜籽油250 g拌匀，放入蒸盘底部。
2. 将猪肉片放入盛器中，加入郫县豆瓣、精盐、味精、酱油、豆腐乳、姜末、葱花、刀口花椒、料酒、鲜汤拌匀，再加入蒸肉米粉和匀，最后加入菜籽油拌匀，均匀摆放于蒸盘中的芋头上面，用保鲜薄膜封口，放入蒸柜内蒸45分钟至软熟取出，取掉保鲜薄膜成菜。

成菜标准

色泽：红亮。
形态：片形完整。
口感：肉质软熟、化渣。
味感：咸鲜微辣清香。

营养成分

热量	32 490 kcal	硫胺素	13.8 mg
蛋白质	850 g	核黄素	11.8 mg
脂肪	2 535 g	抗坏血酸	150 mg
膳食纤维	107 g	钙	3 537 mg
碳水化合物	1 793 g	铁	189.1 mg
视黄醇当量	10 545 μg	锌	137.2 mg

SHANZHEN SHIZITOU

山珍狮子头

【原料质量】

原料名称	质量
猪肉	5 000 g
平菇	750 g
杏鲍菇	750 g
白蘑菇	750 g
冬笋	750 g
青笋	750 g
胡萝卜	750 g
鸡蛋	750 g
姜末	150 g
葱花	200 g
姜片	175 g
葱段	200 g
精盐	150 g
胡椒粉	8 g
味精	10 g
料酒	100 g
糖色	250 g
鲜汤	3 000 g
水淀粉	1 200 g
色拉油	2 500 g

【成菜标准】

色泽：棕红色。

形态：狮子头圆润饱满、汁浓。

口感：肉质细嫩、辅料脆嫩。

味感：咸鲜鲜香、味道浓厚。

【操作程序】

刀工处理

1. 猪肉、冬笋、白蘑菇分别加工成0.4 cm大的颗粒。
2. 杏鲍菇切成骨排片，平菇撕成6 cm长的条状。
3. 青笋、胡萝卜分别切成麦穗片。

预制加工

1. 青笋、胡萝卜、杏鲍菇、平菇分别放入沸水锅中焯水至断生，捞出用清水漂凉，沥干水分待用。
2. 将猪肉、冬笋、白蘑菇、鸡蛋液放入盆中，加入精盐70 g、料酒50 g、胡椒粉4 g、葱花50 g、姜末、水淀粉拌匀成肉馅。

正式烹制

1. 锅内放入色拉油，旺火加热至230 ℃，将肉馅做成直径10 cm大的狮子头形放入油锅中炸至定形、色金黄时捞出，放入蒸盆内。
2. 锅内放入色拉油150 g，加热至130 ℃，放入姜片、葱段炒香，加入鲜汤、料酒、精盐、味精、糖色、胡椒粉，沸后倒入盛有狮子头的蒸盆内，放入蒸柜蒸50分钟至软熟取出。
3. 将蒸盆内的汤汁倒入锅内，放入平菇条、杏鲍菇片、青笋片、胡萝卜片，用大火加热至沸后，用水淀粉勾清二流芡淋在狮子头上即成。

【营养成分】

热量	46 265 kcal	硫胺素	12.7 mg
蛋白质	845 g	核黄素	13 mg
脂肪	4 423 g	抗坏血酸	187.5 mg
膳食纤维	109 g	钙	1 736 mg
碳水化合物	995 g	铁	200.5 mg
视黄醇当量	13 410 μg	锌	139.1 mg

XIANGGU SHAOPAIGU

香菇烧排骨

【原料质量】

原料名称	质量
猪排骨	2 500 g
香菇	3 500 g
青笋	2 000 g
独蒜	500 g
姜块	200 g
葱段	500 g
泡辣椒段	500 g
精盐	150 g
胡椒粉	10 g
味精	10 g
酱油	150 g
料酒	100 g
鲜汤	3 000 g
水淀粉	600 g
色拉油	600 g

【操作程序】

刀工处理

将猪排骨斩成3 cm长的块，香菇去菌柄切成四芽瓣，青笋切成滚刀块。

预制加工

排骨、青笋、大蒜分别放入沸水锅中焯水至断生，捞出用清水漂凉，沥干水分待用。

正式烹制

1. 锅内放入色拉油，旺火加热至130℃时，放入姜块、葱段、泡辣椒段炒出香味。
2. 加入鲜汤、排骨、精盐、味精、酱油、胡椒粉、料酒，沸后撇去浮沫，改用小火加热40分钟至软熟，再加入香菇、大蒜、青笋烧入味，用水淀粉勾糊芡，装入盆内即成菜。

【成菜标准】

色泽：茶红色。
形态：块状，饱满、汁浓。
口感：软熟细嫩、香菇滑嫩。
味感：咸鲜清香、香味浓郁。

营养成分

热量	16 971 kcal	硫胺素	8.7 mg
蛋白质	585 g	核黄素	8.6 mg
脂肪	1 330 g	抗坏血酸	162 mg
膳食纤维	139 g	钙	2 128 mg
碳水化合物	660g	铁	131.5 mg
视黄醇当量	685 μg	锌	129.7 mg

MOYU SHAO YA

魔芋烧鸭

原料质量

原料名称	质量
水盆仔鸭	5 000 g
魔芋	5 000 g
泡姜片	250 g
马耳朵蒜苗	500 g
郫县豆瓣	1 000 g
花椒	10 g
八角	10 g
精盐	150 g
味精	10 g
料酒	150 g
酱油	150 g
鲜汤	3 000 g
水淀粉	600 g
色拉油	750 g

成菜标准

色泽：红亮。
形态：条形饱满、汁浓。
口感：柔软细软。
味感：咸鲜香辣、香味浓郁。

操作程序

刀工处理

将仔鸭斩成6 cm × 2 cm的条，蘑芋切成5 cm × 1.2 cm的条。

预制加工

蘑芋放入沸水中焯水，捞出放入清水中浸泡待用。

正式烹制

锅中加入色拉油，旺火加热至180℃，放入鸭条煸炒至油变清亮，放入郫县豆瓣炒香炒红时，加入花椒、八角、泡姜片炒香，再加入鲜汤、精盐、料酒、酱油、味精和匀，沸后撇去浮沫，改用小火烧40分钟至鸭条软熟时，放蘑芋烧入味，加入马耳朵蒜苗，用水淀粉勾二流芡，盛入盆内即成菜。

营养成分

热量	30 210 kcal	硫胺素	0.9 mg
蛋白质	570 g	核黄素	3.6 mg
脂肪	2 841 g	抗坏血酸	175 mg
膳食纤维	826 g	钙	3 649 mg
碳水化合物	597 g	铁	185.3 mg
视黄醇当量	5 905 μg	锌	94 mg

原料质量

原料名称	质量
卤熟鸭	5 000 g
青椒	3 500 g
洋葱	1 500 g
花椒	20 g
料酒	100 g
姜片	150 g
蒜片	200 g
葱节	300 g
精盐	100 g
干辣椒	300 g
酱油	150 g
味精	10 g
醪糟汁	100 g
胡椒粉	8 g
香油	50 g
辣椒老油	250 g
色拉油	4 000 g

成菜标准

色泽：红亮美观。
形态：条状、饱满。
口感：鲜嫩。
味感：咸鲜麻辣香。

操作程序

刀工处理

1. 卤鸭斩成5 cm×2 cm的条。
2. 将青椒、洋葱分别切成菱形。

预制加工

1. 干辣椒、花椒炒香剁细。
2. 将卤鸭放入230 ℃的油锅中过油后备用。

正式烹制

1. 将味精、精盐50 g、酱油、醪糟汁、胡椒粉、香油、辣椒老油、料酒兑成味汁。
2. 锅内放入色拉油350 g，加热至160 ℃时加入青椒、洋葱、精盐炒至断生，加入姜片、蒜片、葱节炒出香味，放入卤鸭、剁细的干辣椒、花椒末炒匀，烹入味汁炒匀，出锅盛入盆内即成菜。

营养成分

热量	30 019 kcal	硫胺素	1.6 mg
蛋白质	547 g	核黄素	2.5 mg
脂肪	2 879 g	抗坏血酸	2 230 mg
膳食纤维	94 g	钙	1 944 mg
碳水化合物	487 g	铁	131.6 mg
视黄醇当量	3 590 μg	锌	80.8 mg

QINGJIAO BAO LUYA

青椒爆卤鸭

QINGSUN SHAOJI

青笋烧鸡

原料质量

原料名称	质量
水盆鸡	5 000 g
青笋	5 000 g
姜片	200 g
蒜片	200 g
葱丁	300 g
郫县豆瓣	1 250 g
水发香菇	500 g
精盐	125 g
味精	10 g
料酒	50 g
酱油	100 g
鲜汤	3 000 g
水淀粉	500 g
色拉油	3 000 g

操作程序

刀工处理

鸡斩成2.5 cm大的块，青笋切成滚刀块。

预制加工

1. 将鸡块放入230 ℃的油锅中过油后捞出待用。
2. 青笋入沸水锅中焯水断生后捞出，用清水漂凉，沥干水分待用。

正式烹制

锅中加入色拉油500 g，旺火加热至130 ℃时放入郫县豆瓣炒香炒红，加入姜片、蒜末炒出香味，再加入鸡块炒匀，加入鲜汤、精盐、味精、料酒、酱油。沸后撇去浮沫，改用小火加热30分钟至鸡肉软熟入味，放入青笋、水发香菇烧入味，加入葱丁，用水淀粉勾糊芡，起锅盛入盆内即成菜。

成菜标准

色泽：鸡肉红亮、青笋翠绿。
形态：块状。
口感：柔软。
味感：咸鲜微辣。

【营养成分】

热量	17 582 kcal	硫胺素	5.8 mg
蛋白质	1 151 g	核黄素	8 mg
脂肪	1 249 g	抗坏血酸	245 mg
膳食纤维	118 g	钙	3 848 mg
碳水化合物	419 g	铁	229.2 mg
视黄醇当量	8 253 μg	锌	105.9 mg

XIAOJIANJI

小煎鸡

【原料质量】

原料名称	质量
净鸡脯肉	5 000 g
青笋	4 000 g
芹菜	1 000 g
泡辣椒节	300 g
姜片	150 g
蒜片	250 g
马耳朵葱	400 g
白糖	50 g
精盐	175 g
醋	40 g
料酒	100 g
酱油	150 g
鲜汤	500 g
味精	10 g
水淀粉	600 g
色拉油	750 g

【操作程序】

刀工处理

1. 鸡肉切成5 cm×1 cm见方的条，青笋切成筷子条，芹菜切成3 cm长的节。
2. 青笋条用精盐25 g拌匀码味，自然滴干水分。

正式烹制

1. 鸡肉用精盐50 g、料酒50 g、酱油50 g码味，再用水淀粉300 g拌匀上浆待用。
2. 将精盐、味精、料酒、白糖、醋、酱油、鲜汤、水淀粉兑成味汁。
3. 锅中加入色拉油，旺火加热至180℃，放入鸡肉炒散籽变白，加入姜片、马耳朵葱、蒜片、泡辣椒节炒出香味，放入青笋条、芹菜节炒断生，然后烹入味汁炒匀，待淀粉糊化收汁亮油，盛入盆内即成菜。

【成菜标准】

色泽：浅茶色。

形态：条状。

口感：鸡肉滑嫩、青笋脆香。

味感：咸鲜微辣。

【营养成分】

热量	15 367 kcal	硫胺素	4.6 mg
蛋白质	1 036 g	核黄素	8.4 mg
脂肪	1 013 g	抗坏血酸	240 mg
膳食纤维	37 g	钙	2 455 mg
碳水化合物	517 g	铁	118.7 mg
视黄醇当量	2 370 μg	锌	45.6 mg

SHUANGDONG SHAO ZIE

双冬烧仔鹅

原料质量

原料名称	质量
水盆仔鹅	5 000 g
冬笋	2 000 g
冬菇	1 000 g
姜片	150 g
蒜瓣	250 g
葱节	500 g
泡辣椒节	500 g
八角	10 g
精盐	150 g
胡椒粉	8 g
味精	10 g
料酒	100 g
酱油	150 g
鲜汤	3 000 g
水淀粉	500 g
色拉油	600 g

操作程序

刀工处理

仔鹅斩成5 cm×3 cm的块，冬笋切成2 cm大的块，冬菇切成四芽瓣。

预制加工

1. 将仔鹅放入沸水中焯水后捞出，沥干水分待用。
2. 冬笋、冬菇分别焯水断生后捞出，用凉水漂凉，沥干水分待用。

正式烹制

锅内放入色拉油，旺火加热至130℃时，加入姜片、葱节、蒜瓣、泡辣椒节炒出香味，加入鲜汤、仔鹅、精盐、胡椒粉、料酒、酱油、味精、八角和匀，沸后撇去浮沫，改用小火烧40分钟，放入冬笋、冬菇加热5分钟至入味，用水淀粉勾清二流芡，盛入盆内即成菜。

成菜标准

色泽：棕黄色。
形态：形状饱满。
口感：柔嫩细软。
味感：咸鲜浓香。

【营养成分】

热量	20 370 kcal	硫胺素	5.2 mg
蛋白质	1 057 g	核黄素	16.3 mg
脂肪	1 022 g	抗坏血酸	220 mg
膳食纤维	190 g	钙	1 403 mg
碳水化合物	382 g	铁	314.7 mg
视黄醇当量	2 300 μg	锌	106 mg

营养成分

热量	14 560 kcal	硫胺素	10.1 mg
蛋白质	1 265 g	核黄素	11.7 mg
脂肪	754 g	抗坏血酸	435 mg
膳食纤维	338 g	钙	4 738 mg
碳水化合物	674 g	铁	402.2 mg
视黄醇当量	17 280 μg	锌	110.1 mg

XIANSUN SHAO TU

鲜笋烧兔

【原料质量】

原料名称	质量
鲜兔	5 000 g
鲜春笋	3 000 g
姜片	200 g
蒜瓣	300 g
葱节	300 g
郫县豆瓣	1 000 g
八角	10 g
干辣椒节	200 g
花椒	25 g
精盐	125 g
味精	10 g
料酒	100 g
酱油	150 g
鲜汤	3 000 g
水淀粉	500 g
色拉油	600 g

【操作程序】

刀工处理

将鲜兔斩成3 cm大的块，鲜春笋切成3 cm长的滚刀块。

预制加工

将兔块、春笋块分别放入沸水中焯水后捞出，用凉水漂凉，沥干水分待用。

正式烹制

锅中放入色拉油，加热至130 ℃，放入干辣椒节、花椒炒香呈棕红色，加入郫县豆瓣炒香，再放入姜片、蒜瓣、葱节、八角炒出香味，然后加入鲜汤、兔块、精盐、料酒、酱油。沸后撇去浮沫，改用小火烧30分钟至软熟。放入春笋块烧入味，再用水淀粉勾清二流芡，盛入盆内即成菜。

【成菜标准】

色泽：红亮。
形态：形状饱满、汁稠。
口感：肉质细软、鲜笋脆嫩。
味感：咸鲜香辣。

LUOBO SHAO NIUNAN

萝卜烧牛腩

原料质量

原料名称	质量
牛腩	5 000 g
白萝卜	5 000 g
姜片	200 g
葱节	300 g
郫县豆瓣	1 250 g
八角	10 g
草果	15 g
花椒	15g
精盐	125 g
味精	10 g
料酒	100 g
酱油	150 g
鲜汤	3 000 g
水淀粉	500 g
色拉油	600 g

操作程序

刀工处理

将牛腩切成3 cm大的块，白萝卜切成3 cm大的菱形块。

预制加工

将牛腩块、白萝卜块分别放入沸水中焯水后捞出，用凉水漂凉，沥干水分待用。

正式烹制

锅内加入色拉油，旺火加热至130℃时，放入郫县豆瓣炒香炒红，加入姜片、葱节炒出香味，再加入鲜汤、牛腩块、精盐、八角、花椒、草果、酱油、料酒、味精，沸后改用小火烧50分钟至软熟，放入白萝卜块烧入味，用水淀粉勾糊芡，盛入盆中即成菜。

成菜标准

色泽：红亮。
形态：块状饱满、汁浓。
口感：肉质软熟、萝卜软嫩。
味感：咸鲜香辣。

营养成分

热量	18 233 kcal	硫胺素	3.3 mg
蛋白质	1 029 g	核黄素	10.4 mg
脂肪	1 307 g	抗坏血酸	1 575 mg
膳食纤维	166 g	钙	5 885.5 mg
碳水化合物	598 g	铁	288.5 mg
视黄醇当量	5 888 μg	锌	211.8 mg

JIACHANG NIUDU

家常牛肚

【原料质量】

原料名称	质量
水发牛肚	5 000 g
水发筒笋	5 000 g
香菜	100 g
姜片	200 g
葱节	300 g
八角	10 g
草果	5 g
红小米椒	100 g
青小米椒	100 g
郫县豆瓣	1 500 g
精盐	125 g
味精	10 g
料酒	100 g
酱油	150 g
鲜汤	2 000 g
水淀粉	500 g
老油	500 g
色拉油	750 g

【操作程序】

刀工处理

牛肚切成5 cm×2 cm粗的条，筒笋切成2.5 cm大的块。

预制加工

1. 牛肚焯水后捞出，用鲜汤浸泡3次以上。
2. 筒笋焯水后捞出，用清水漂凉。

正式烹制

1. 锅内加入色拉油，加热至130℃时放入郫县豆瓣炒香炒红，加入姜片、葱节、八角、草果炒出香味，加入鲜汤、牛肚、精盐、酱油、料酒、味精，沸后改用小火烧20分钟至软熟，放入筒笋烧至入味时，用水淀粉勾芡，盛入盆中。
2. 锅中放入老油加热至130℃，放入青、红小米椒炒香，倒入盆中，撒上香菜即成菜。

【成菜标准】

色泽：红亮。
形态：条形饱满、汁浓亮油。
口感：牛肚软糯、筒笋脆嫩。
味感：咸鲜香辣。

【营养成分】

热量	17 617 kcal	硫胺素	5.9 mg
蛋白质	920 g	核黄素	13.7 mg
脂肪	1 374 g	抗坏血酸	250 mg
膳食纤维	199 g	钙	5 870 mg
碳水化合物	403g	铁	230.3 mg
视黄醇当量	6 355 μg	锌	139.8 mg

FENZHENG NIUROU

粉蒸牛肉

【原料质量】

原料名称	质量
牛柳肉	5 000 g
鲜豌豆	5 000 g
蒸肉米粉	1 500 g
郫县豆瓣	1 000 g
姜末	150 g
葱叶	150 g
豆腐乳汁	100 g
醪糟汁	150 g
整花椒	20 g
花椒粉	25 g
精盐	90 g
味精	10 g
料酒	100 g
酱油	100 g
鲜汤	600 g
红油	350 g
色拉油	400 g

【成菜标准】

色泽：红亮。
形态：片状、饱满、米粉疏散。
口感：细嫩、软糯。
味感：咸鲜麻辣味浓、青豆清香。

【操作程序】

刀工处理

1. 将牛柳肉横筋切成6 cm × 4 cm × 0.2 cm的片。
2. 整花椒用温水泡软后和葱叶剁成细末（刀口花椒）。

预制加工

锅内加入色拉油，加热至130 ℃，放入郫县豆瓣炒香炒红后起锅盛入盆内待用。

正式烹制

1. 将鲜豌豆用精盐35 g、蒸肉米粉400 g拌匀装入蒸盘中。
2. 将肉片放入盆内，加入姜末、精盐、料酒、酱油、醪糟汁、豆腐乳汁、味精、刀口花椒、鲜汤拌匀，再放入蒸肉米粉拌匀，最后放入红油250 g拌匀，放在蒸盆中的豌豆上面，放入蒸柜蒸40分钟至软熟取出，撒上花椒粉、淋上红油成菜。

【营养成分】

热量	32 103 kcal	硫胺素	29.2 mg
蛋白质	2 164 g	核黄素	17 mg
脂肪	961 g	钙	8 690 mg
膳食纤维	636 g	铁	496.3 mg
碳水化合物	3 700 g	锌	323.5 mg
视黄醇当量	8 655 μg		

DACONG BAO NIUROU

大葱爆牛肉

原料质量

原料名称	质量
精牛肉	5 000 g
马耳朵葱	5 000 g
小红米椒	200 g
姜片	150 g
蒜片	200 g
精盐	175 g
味精	10 g
胡椒粉	8 g
料酒	150 g
酱油	100 g
蚝油	100 g
嫩肉粉	15 g
鲜汤	600 g
水淀粉	500 g
色拉油	750 g

成菜标准

色泽：牛肉色泽棕红、蔬菜颜色鲜艳。

形态：片状饱满、紧汁亮油。

口感：肉质鲜嫩。

味感：咸鲜微辣清香。

操作程序

刀工处理

1. 牛肉横筋切成6 cm × 4 cm × 0.2 cm的片。
2. 小红米椒对切两半。

预制加工

用嫩肉粉将牛肉腌制5分钟。

正式烹制

1. 牛肉用精盐90 g、料酒50 g码味，再用水淀粉300 g拌匀上浆。
2. 将精盐、味精、酱油、胡椒粉、料酒、蚝油、鲜汤、水淀粉兑成味汁。
3. 锅中加入色拉油，旺火加热至180 ℃，放入牛肉炒散籽变白，放入姜片、蒜片、小红米椒炒香，然后放入大葱炒香至断生，烹入味汁，待淀粉糊化收汁亮油时，盛入盆内即成菜。

营养成分

热量	15 359 kcal	硫胺素	4.1 mg
蛋白质	1 104 g	核黄素	12.7 mg
脂肪	979 g	抗坏血酸	400 mg
膳食纤维	65 g	钙	1 878 mg
碳水化合物	542 g	铁	167.5 mg
视黄醇当量	800 μg	锌	195.3 mg

原料质量

原料名称	质量
羊肉	5 000 g
白萝卜	5 000 g
青椒	500 g
姜片	200 g
葱节	300 g
香菜末	100 g
八角	10 g
草果	10 g
桂皮	5 g
花椒	25 g
郫县豆瓣	1 250 g
精盐	125 g
味精	10 g
料酒	200 g
酱油	100 g
鲜汤	3 000 g
水淀粉	600 g
色拉油	750 g

成菜标准

色泽：红亮。

形态：块状饱满、汁浓亮油。

口感：肉质软嫩。

味感：咸鲜香辣、微带麻香。

操作程序

刀工处理

1. 羊肉斩成3 cm大的块，白萝卜去皮切成滚刀块。
2. 青椒去蒂去籽切成菱形块。

预制加工

将羊肉、萝卜分别放入加有姜片100 g、葱节200 g、料酒100 g的沸水中焯水后捞出用凉水漂凉，沥干水分待用。

正式烹制

锅内加入色拉油，加热至130 ℃时，放入郫县豆瓣炒香炒红，再加入姜片、葱节、八角、草果、桂皮、花椒炒出香味，然后加入鲜汤、精盐、料酒、酱油、味精、羊肉烧50分钟至软熟，再放入白萝卜、青椒烧至入味，用水淀粉勾糊芡，盛入盆内撒上香菜末即成菜。

营养成分

热量	20 881 kcal	硫胺素	5.2 mg
蛋白质	1 067 g	核黄素	11.5 mg
脂肪	1 496 g	抗坏血酸	1 000 mg
膳食纤维	161 g	钙	4901.5 mg
碳水化合物	780 g	铁	265.5 mg
视黄醇当量	41 013 μg	锌	180.4 mg

HONGMEN YANGROU

红焖羊肉

QINGSUN SHAO DUTIAO

青笋烧肚条

【原料质量】

原料名称	质量
熟猪肚	5 000 g
青笋	5 000 g
蒜瓣	1 000 g
姜片	200 g
葱节	300 g
精盐	175 g
胡椒粉	8 g
料酒	100 g
味精	10 g
鲜汤	2 000 g
水淀粉	300 g
色拉油	500 g

【成菜标准】

色泽：素雅。

形态：条形饱满、汁薄。

口感：柔软。

味感：咸鲜清香。

【操作程序】

刀工处理

猪肚切成小一字条，青笋切成小一字条。

正式烹制

锅内加入色拉油，加热至130 ℃时放入姜片、葱节、蒜瓣炒香，加入鲜汤、肚条、青笋、精盐、胡椒粉、料酒、味精，沸后改用中小火烧8分钟至入味，用水淀粉勾清二流芡，盛入盆内即成菜。

【营养成分】

热量	15 738 kcal	硫胺素	5.2 mg
蛋白质	899 g	核黄素	12.1 mg
脂肪	1 034 g	抗坏血酸	135 mg
膳食纤维	113 g	钙	4 253 mg
碳水化合物	700 g	铁	247.5 mg
视黄醇当量	5 235 μg	锌	132.7 mg

泸州老

XUEWANG FEICHANG

血旺肥肠

原料质量

原料名称	质量
熟净猪肥肠	5 000 g
猪血	3 000 g
郫县豆瓣	1 250 g
姜末	150 g
蒜末	300 g
葱花	300 g
八角	15 g
精盐	125 g
味精	10 g
料酒	150 g
酱油	100 g
鲜汤	2 500 g
水淀粉	500 g
色拉油	750 g

成菜标准

色泽：红亮。

形态：个体完整。

口感：柔软。

味感：咸鲜微辣，香味浓郁。

操作程序

刀工处理

1. 肥肠切成3 cm长的节。
2. 猪血切成4 cm × 2.5 cm × 1 cm的块。

预制加工

猪肥肠、猪血分别放入沸水中焯水后捞出，用清水漂凉。

正式烹制

锅内加入色拉油，加热至180 ℃时，放入肥肠煸炒3分钟，加入郫县豆瓣炒香炒红，加入姜末、蒜末炒出香味，加入鲜汤、精盐、八角、料酒、酱油、味精，再加入猪血，沸后改用小火烧50分钟至软熟，用水淀粉勾糊芡，起锅装盆撒上葱花成菜。

营养成分

热量	21 184 kcal	硫胺素	4.8 mg
蛋白质	825 g	核黄素	10.3 g
脂肪	1 740 g	抗坏血酸	101 mg
膳食纤维	109 g	钙	3 771.5 mg
碳水化合物	557 g	铁	412.6 mg
视黄醇当量	5 628 μg	锌	71.2 mg

HUANGDOU ZHUSHOU

黄豆猪手

原料质量

原料名称	质量
猪蹄	5 000 g
干黄豆	2 500 g
姜片	50 g
葱节	150 g
料酒	150 g
胡椒粉	8 g
八角	15 g
酱油	100 g
精盐	175 g
味精	10 g
鲜汤	3 500 g
色拉油	500 g

成菜标准

色泽：棕红色。
形态：个体完整，大小相间。
口感：软糯。
味感：咸鲜清香。

操作程序

刀工处理

将猪蹄斩成4 cm大的块。

预制加工

1. 干黄豆用开水泡软，放入蒸柜蒸20分钟取出待用。
2. 将猪蹄放入沸水锅中加料酒煮熟，捞出用清水漂凉待用。

正式烹制

锅内放入色拉油，旺火加热至130 ℃，加入姜片、葱节、猪蹄炒出香味，加入鲜汤、精盐、胡椒粉、酱油、八角、味精，沸后撇去浮沫，改用小火烧40分钟至软熟，加入黄豆烧10分钟入味，汤汁较少时起锅即成。

营养成分

热量	26 528 kcal	硫胺素	12.8 mg
蛋白质	2 013 g	核黄素	10.1 mg
脂肪	2 837 g	钙	6 545 mg
膳食纤维	388 g	铁	271.5 mg
碳水化合物	475 g	锌	142.8 mg
视黄醇当量	1 075 μg		

QINCAI JIZA

芹菜鸡杂

【原料质量】

原料名称	质量
鸡杂	5 000 g
芹菜	5 000 g
姜片	300 g
蒜片	600 g
马耳朵葱	1 000 g
泡辣椒末	1 000 g
郫县豆瓣	750 g
精盐	120 g
白糖	50 g
味精	10 g
料酒	150 g
酱油	150 g
醋	25 g
鲜汤	500 g
水淀粉	600 g
色拉油	750 g

【成菜标准】

色泽：红亮。

形态：片状、饱满、紧汁亮油。

口感：肉质脆嫩。

味感：咸鲜香辣、味浓。

【操作程序】

刀工处理

1. 鸡杂切成片。
2. 芹菜切成3 cm长的节。

预制加工

将芹菜用精盐40 g腌渍，自然滴干水分。

正式烹制

1. 将鸡杂放入容器里，用精盐50 g、料酒50 g码味，再用水淀粉300 g拌匀上浆。
2. 将精盐、白糖、味精、酱油、醋、料酒、鲜汤、水淀粉兑成味汁。
3. 锅内放入色拉油，旺火加热至200℃时，放入鸡杂炒散籽变白，放入泡辣椒末、郫县豆瓣炒香炒红，再加入姜片、蒜片、马耳朵葱炒出香味，加入芹菜炒至断生，烹入味汁，待淀粉糊化收汁亮油，盛入盆内即成菜。

【营养成分】

热量	16 509 kcal	硫胺素	6.6 mg
蛋白质	1 077 g	核黄素	21.7 mg
脂肪	969 g	抗坏血酸	522 mg
膳食纤维	134 g	钙	7 735.5 mg
碳水化合物	867 g	铁	465.7 mg
视黄醇当量	111 687 μg	锌	159.1 mg

HUOXIANG DAKOUNIAN

藿香大口鲶

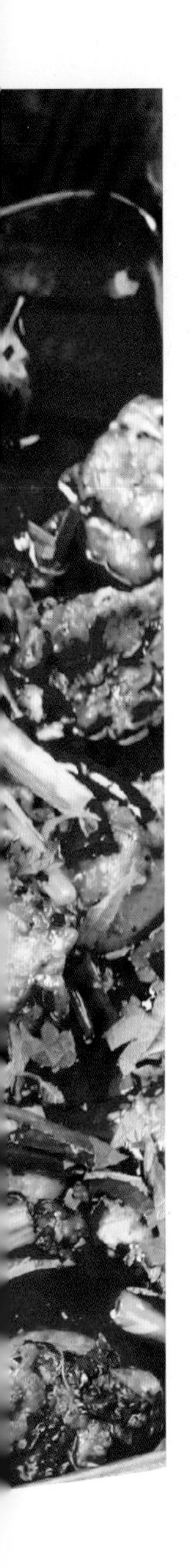

【原料质量】

原料名称	质量
大口鲶	5 000 g
芹菜	3 000 g
藿香	500 g
姜片	250 g
泡姜片	300 g
蒜片	600 g
葱节	1 000 g
干辣椒节	300 g
花椒	20 g
郫县豆瓣	800 g
泡辣椒末	800 g
精盐	175 g
白糖	50 g
味精	10 g
料酒	150 g
酱油	150 g
鲜汤	2 000 g
水淀粉	500 g
花椒油	50 g
色拉油	4 000 g

【成菜标准】

色泽：红亮滋润。

形态：块状、饱满、汁浓亮油。

口感：肉质细嫩。

味感：咸鲜麻辣、香味浓郁。

【操作程序】

刀工处理

1. 鲶鱼初加工后洗净，斩成4 cm大的块。
2. 芹菜切成3 cm长的节。
3. 藿香切成1 cm长的节。

预制加工

1. 鲶鱼块用精盐100 g、姜片、葱节250 g、料酒100 g拌匀码味5分钟。
2. 将鱼块放入230℃的油锅中炸定形捞出备用。

正式烹制

锅内放入色拉油600 g，旺火加热至130 ℃时，加入泡辣椒末、郫县豆瓣炒香炒红，放入干辣椒节、花椒炒香，再加入泡姜片、蒜片、葱节炒出香味，加入鲜汤、鲶鱼块、精盐、味精、白糖、料酒、酱油，沸后改用小火烧至熟透，加入芹菜烧1分钟出香味，用水淀粉勾糊芡，加入花椒油和匀，盛入盆内，放入藿香即成菜。

【营养成分】

热量	17 070 kcal	硫胺素	4.4 mg
蛋白质	1 023 g	核黄素	12.1 mg
脂肪	1 141 g	抗坏血酸	887 mg
膳食纤维	141 g	钙	8 253 mg
碳水化合物	681 g	铁	271.8 mg
视黄醇当量	5 811 μg	锌	54.8 mg

DOUFU SHAO YU

豆腐烧鱼

原料质量

原料名称	质量
草鱼	5 000 g
豆腐	5 000 g
郫县豆瓣	1 500 g
姜片	150 g
葱节	250 g
姜末	150 g
蒜末	300 g
马耳朵葱	300 g
精盐	125 g
味精	20 g
白糖	100 g
料酒	200 g
酱油	200 g
鲜汤	4 500 g
水淀粉	1 200 g
色拉油	750 g

成菜标准

色泽：红亮。

形态：块状、饱满、汁浓亮油。

口感：软熟、鲜嫩。

味感：咸鲜微辣，浓厚。

操作程序

刀工处理

1. 草鱼初加工后洗净，对剖成两半，再切成5 cm×2 cm大的块。
2. 豆腐切成4 cm×0.2 cm的条。

预制加工

1. 鱼块用精盐60 g、料酒100 g、姜片、葱节码味5分钟后装盒待用。
2. 将豆腐放入加盐的沸水锅中焯水后捞出用鲜汤浸泡。

正式烹制

1. 锅中加入色拉油，加热至130 ℃，放入郫县豆瓣炒香炒红，放入姜末、蒜末、马耳朵葱炒出香味，加入鲜汤、豆腐、酱油、白糖、味精、料酒，烧5分钟入味，用水淀粉勾糊芡，起锅装入盆中。
2. 与此同时将鱼放入蒸柜中蒸15分钟至刚熟时取出，将豆腐带汁倒入盆内即成菜。

营养成分

热量	22 466 kcal	硫胺素	5.6 mg
蛋白质	1 452 g	核黄素	20.5 mg
脂肪	1 256 g	抗坏血酸	680 mg
膳食纤维	240 g	钙	15 568 mg
碳水化合物	1 347 g	铁	257.9 mg
视黄醇当量	7 655 μg	锌	117.6 mg

HUANGGUA SHAO SHANYU

黄瓜烧鳝鱼

原料质量

原料名称	质量
鳝鱼片	5 000 g
黄瓜	5 000 g
姜片	75 g
葱段	300 g
大蒜	300 g
郫县豆瓣	1 250 g
花椒粉	10 g
精盐	125 g
白糖	30 g
味精	10 g
料酒	200 g
酱油	100 g
鲜汤	1 500 g
水淀粉	700 g
色拉油	4 000 g

成菜标准

色泽：红亮。
形态：条状、汁浓亮油。
口感：软熟、脆嫩。
味感：咸鲜香辣。

操作程序

刀工处理

1. 鳝鱼片用清水洗净黏液，切成6 cm长的节。
2. 黄瓜去瓤后切成5 cm长的一字条。

预制加工

1. 黄瓜条用精盐25 g码味，自然滴干水分。
2. 将大蒜放入130 ℃的油锅中滑油至刚熟捞出待用。
3.将鳝鱼片分次放入230 ℃的油锅中过油捞出待用。

正式烹制

锅中放入色拉油750 g，旺火加热烧至130℃时，放入郫县豆瓣炒香炒红，放入姜片、葱段炒出香味，加入鲜汤、鳝鱼片、大蒜、精盐、料酒、酱油、白糖、味精，沸后改用中火烧5分钟，放黄瓜条烧入味，用水淀粉勾糊芡，盛入盆内撒上花椒粉即成菜。

营养成分

热量	14 321 kcal	硫胺素	4.5 mg
蛋白质	1 008 g	核黄素	53.4 mg
脂肪	860 g	抗坏血酸	471 mg
膳食纤维	119 g	钙	6 232.5 mg
碳水化合物	638 g	铁	249.6 mg
视黄醇当量	8 478 μg	锌	115.8 mg

XUECAI HUANGYU

雪菜黄鱼

【原料质量】

原料名称	质量
小黄鱼	10 000 g
雪菜罐头	4 000 g
青椒	300 g
姜末	200 g
蒜末	300 g
葱节	400 g
精盐	150 g
胡椒粉	20 g
味精	10 g
料酒	200 g
酱油	150 g
鲜汤	1 500 g
水淀粉	600 g
色拉油	4 000 g

【成菜标准】

色泽：浅茶色。
形态：块状、饱满、汁浓。
口感：肉质细嫩。
味感：咸鲜、香味浓郁。

【操作程序】

刀工处理

1. 小黄鱼进行初加工，清洗干净，切成6 cm长的段。
2. 青椒去蒂去籽切成颗粒。

预制加工

黄鱼扑上干淀粉，放入230 ℃的油锅中炸定形捞出待用。

正式烹制

锅内放入色拉油600 g，旺火加热至130 ℃时，放入葱节、姜末、蒜末炒出香味，加入鲜汤、鱼块、雪菜、精盐、料酒、酱油、胡椒粉、味精，烧沸后持续加热5分钟至鱼熟透入味，再加入青椒颗粒烧1分钟，用水淀粉勾二流芡，盛入盆内即成菜。

【营养成分】

热量	27 586 kcal	硫胺素	3.2 mg
蛋白质	1 857 g	核黄素	10.2 mg
脂肪	2 063 g	抗坏血酸	52.1 mg
膳食纤维	71 g	钙	5 669 mg
碳水化合物	427 g	铁	110.6 mg
视黄醇当量	3 251 μg	锌	62.3 mg

CHIYOU LUYU

豉油鲈鱼

【原料质量】

原料名称	质量
鲈鱼	10 000 g
姜片	300 g
葱段	500 g
姜丝	250 g
葱丝	500 g
香菜	150 g
红椒	300 g
精盐	125 g
胡椒粉	8 g
味精	10 g
料酒	150 g
豉油	500 g
鲜汤	1 000 g
色拉油	400 g

【成菜标准】

色泽：浅茶色。

形态：块状、饱满、汁宽油亮。

口感：肉质细嫩。

味感：咸鲜鲜香、香味浓郁。

【操作程序】

刀工处理

1. 鲈鱼斩成10 cm × 5 cm的块。
2. 红椒切成细丝泡入清水中。

预制加工

鱼块用精盐、胡椒粉、味精、鲜汤、料酒、姜片、葱段拌匀码味5分钟，整齐放入蒸盘。

正式烹制

1. 将蒸盘放入蒸柜，用旺火蒸15分钟至鱼块熟透取出。
2. 将葱丝、姜丝、香菜、红椒丝码放在已经蒸好的鱼身上，将豉油淋在鱼身上。
3. 锅内放入色拉油加热至180 ℃时，将油淋在鱼身上将葱丝、姜丝、香菜、红椒丝烫香即成菜。

【营养成分】

热量	48 003 kcal	硫胺素	22.2 mg
蛋白质	1 338 g	核黄素	16.8 mg
脂肪	4 603 g	抗坏血酸	256 mg
膳食纤维	20 g	钙	1 059 mg
碳水化合物	756 g	铁	184.7 mg
视黄醇当量	11 761 μg	锌	211 mg

QINGDOU XIAREN

青豆虾仁

原料质量

原料名称	质量
虾仁	2 500 g
青豆	2 500 g
番茄	750 g
姜片	200 g
葱丁	500 g
蛋清淀粉浆	1 000 g
精盐	150 g
味精	10 g
料酒	150 g
胡椒粉	8 g
鲜汤	750 g
水淀粉	750 g
香油	25 g
色拉油	4 000 g

成菜标准

色泽：美观，红白绿相间。
形态：形状饱满、紧汁亮油。
口感：肉质细嫩。
味感：咸鲜清香。

操作程序

刀工处理

番茄切成1.2 cm大的丁，用清水冲去内瓤。

预制加工

青豆放入沸水中焯水，断生后用清水漂凉。

正式烹制

1. 用精盐100 g、料酒50 g、胡椒粉、味精、鲜汤、水淀粉、香油兑成味汁。
2. 虾仁用精盐、料酒码味，再用蛋清淀粉浆拌匀上浆，放入150 ℃的油锅中滑油至断生捞出待用。
3. 锅中加入色拉油500 g，旺火加热至130 ℃时，放入姜片、葱丁、青豆炒香，加入虾仁炒匀，烹入味汁，待淀粉糊化收汁亮油时，放入番茄丁和匀，盛入盆中即成菜。

营养成分

热量	14 676 kcal	硫胺素	5.4 mg
蛋白质	870 g	核黄素	5.9 mg
脂肪	908 g	抗坏血酸	182.5 mg
膳食纤维	14 g	钙	4 980 mg
碳水化合物	747 g	铁	207.7 mg
视黄醇当量	2 896 μg	锌	91.4 mg

MAPO DOUFU

麻婆豆腐

原料质量

原料名称	质量
豆腐	5 000 g
牛碎肉	500 g
马耳朵蒜苗	300 g
豆豉茸	100 g
郫县豆瓣	1 000 g
辣椒粉	250 g
花椒粉	10 g
精盐	150 g
味精	10 g
料酒	100 g
酱油	150 g
鲜汤	2 000 g
水淀粉	600 g
色拉油	1 000 g

成菜标准

色泽：红亮。
形态：丁状饱满、紧汁亮油。
口感：质地软滑细嫩。
味感：麻辣鲜香烫。

操作程序

刀工处理

豆腐切成2 cm见方的丁。

预制加工

1. 将豆腐放入加盐的沸水锅中焯水后捞出用鲜汤浸泡。
2. 将牛碎肉炒酥炒香盛入碗内待用。

正式烹制

锅中加入色拉油，加热至130 ℃时，放入郫县豆瓣炒香炒红，加入辣椒粉、豆豉茸略炒出香味，即加入鲜汤、豆腐、酱油、牛碎肉、精盐、味精、料酒，烧沸至入味，加入马耳朵蒜苗和匀，用水淀粉勾二至三次芡至淀粉糊化收汁吐油，起锅盛入盆内，撒上花椒粉成菜。

营养成分

热量	16 343 kcal	硫胺素	2.8 mg
蛋白质	552 g	核黄素	4.5 mg
脂肪	1 276 g	抗坏血酸	105 mg
膳食纤维	98 g	钙	10 703 mg
碳水化合物	663 g	铁	207.7 mg
视黄醇当量	4 356 μg	锌	81.6 mg

XIEHUANG DOUFU

蟹黄豆腐

原料质量

原料名称	质量
豆腐	5 000 g
火腿肠	1 000 g
冬笋	750 g
香菇	750 g
青豆	750 g
咸蛋黄	750 g
姜末	150 g
葱花	300 g
精盐	150 g
味精	10 g
胡椒粉	8 g
鲜汤	2 500 g
水淀粉	750 g
香油	50 g
色拉油	600 g

成菜标准

色泽：蟹黄色泽自然、豆腐白润。

形态：丁状完整饱满、亮汁亮油。

口感：质地滑嫩细腻。

味感：咸鲜香。

操作程序

刀工处理

1. 豆腐切成2 cm见方的丁。
2. 火腿肠切成0.5 cm大的丁。
3. 冬笋、香菇分别切成0.5 cm大的丁。

预制加工

1. 冬笋、香菇、青豆分别焯水后用清水漂凉待用。
2. 咸蛋黄放入蒸柜蒸熟，取出晾凉，再加工成泥状待用。
3. 将豆腐放入加盐的沸水锅中焯水后捞出用鲜汤浸泡。

正式烹制

锅中加入色拉油，加热至100℃时，放入咸蛋黄炒散籽炒酥出香味，放入姜末炒香，再加入鲜汤、豆腐、火腿肠、冬笋、香菇、青豆、精盐、味精、胡椒粉，烧沸至入味，用水淀粉勾糊芡，加入香油和匀，起锅盛入盆内撒上葱花即成。

营养成分

热量	15 593 kcal	硫胺素	7.3 mg
蛋白质	704 g	核黄素	8.4 mg
脂肪	870 g	抗坏血酸	85 mg
膳食纤维	81 g	钙	8 182 mg
碳水化合物	663 g	铁	225.5mg
视黄醇当量	15 153 μg	锌	108.3 mg

JIACHANG DOUFU

家常豆腐

原料质量

原料名称	质量
豆腐	5 000 g
猪后腿肉	1 500 g
蒜苗	500 g
郫县豆瓣	1 250 g
精盐	75 g
味精	10 g
酱油	100 g
鲜汤	1 500 g
水淀粉	350 g
色拉油	4 000 g

成菜标准

色泽：红亮。
形态：豆腐完整、收汁亮油。
口感：质地柔软细嫩。
味感：咸鲜香辣。

操作程序

刀工处理

1. 豆腐切成5 cm × 3 cm × 0.8 cm的片。
2. 猪后腿肉切成5 cm × 3 cm × 0.2 cm的薄片。
3. 蒜苗切成马耳朵形。

预制加工

将豆腐放入230 ℃的油锅中炸至金黄色捞出待用。

正式烹制

锅内放入色拉油500 g，加热至150 ℃时，放入肉片炒散籽至油变清亮时，加入郫县豆瓣炒香炒红，再加入鲜汤、豆腐、酱油、精盐、味精烧沸至入味，加入蒜苗和匀，用水淀粉勾糊芡，盛入盆内即成。

营养成分

热量	27 706 kcal	硫胺素	6.2 mg
蛋白质	668 g	核黄素	7 mg
脂肪	2 519 g	抗坏血酸	175 mg
膳食纤维	120 g	钙	11 422 mg
碳水化合物	659 g	铁	237 mg
视黄醇当量	7 158 μg	锌	96.6 mg

SAOZI ZHENGDAN

臊子蒸蛋

原料质量

原料名称	质量
猪肉末	1 500 g
鸡蛋	5 000 g
葱花	500 g
精盐	125 g
味精	10 g
酱油	100 g
料酒	50 g
鲜汤	7 500 g
水淀粉	500 g
熟芡	500 g
香油	50 g
色拉油	500 g

成菜标准

色泽：黄亮。
形态：膏状完整。
口感：滑嫩。
味感：咸鲜蛋香浓郁。

操作程序

预制加工

将猪肉末炒散籽，加入酱油炒至酥香，加入鲜汤2 000 g、精盐20 g、味精5 g、料酒、香油，用水淀粉勾芡制成稀卤肉臊备用。

正式烹制

取鸡蛋液放入盆里，加入精盐、味精、熟芡、鲜汤调匀倒入蒸盘内，放入蒸柜中用小火蒸15分钟取出，将肉臊舀在蒸蛋面上撒上葱花即成。

营养成分

热量	15 752 kcal	硫胺素	4.5 mg
蛋白质	398 g	核黄素	13.3 mg
脂肪	1 226 g	抗坏血酸	40 mg
膳食纤维	367 g	钙	10 779 mg
碳水化合物	847 g	铁	321.4 mg
视黄醇当量	22 610 μg	锌	44.4 mg

ROUMO JIANGDOU

肉末豇豆

【原料质量】

原料名称	质量
猪肉末	1 000 g
泡豇豆	5 000 g
干辣椒节	200 g
花椒	15 g
酱油	40 g
料酒	50 g
精盐	60 g
味精	10 g
色拉油	500 g

【成菜标准】

色泽：自然。
形态：粒状。
口感：嫩脆酥。
味感：鲜香。

【操作程序】

刀工处理

将泡豇豆切成颗粒。

预制加工

将猪肉末炒散籽，加入酱油、精盐20 g、料酒炒至酥香，盛入盆中待用。

正式烹制

锅内加入色拉油，加热至100℃时，放入干辣椒节、花椒炒香，加入猪肉末、泡豇豆、精盐、味精炒匀，盛入盆内即成菜。

【营养成分】

热量	11 865 kcal	硫胺素	6.8 mg
蛋白质	343 g	核黄素	6.9 mg
脂肪	1 069 g	抗坏血酸	950 mg
膳食纤维	115 g	钙	1 530 mg
碳水化合物	282 g	铁	57.5 mg
视黄醇当量	3 810 μg	锌	59.1 mg

JIUCAI YAXUE

韭菜鸭血

【原料质量】

原料名称	质量
鸭血	5 000 g
韭菜	500 g
郫县豆瓣	1 000 g
辣椒粉	150 g
精盐	60 g
味精	20 g
酱油	150 g
水淀粉	1 500 g
鲜汤	2 500 g
色拉油	750 g

【成菜标准】

色泽：红亮。

形态：块状、形态完整。

口感：质地软嫩。

味感：咸鲜麻辣、味浓厚。

【操作程序】

刀工处理

1. 鸭血切成4 cm × 2.5 cm × 1 cm的块。
2. 韭菜切成3 cm长的节。

预制加工

将鸭血放入沸水锅中焯水至断生，捞出用清水漂凉。

正式烹制

锅内放入色拉油，加热至130 ℃时，放入郫县豆瓣炒香炒红，再放入辣椒粉略炒出香味，加入鲜汤、鸭血、精盐、酱油、味精，烧沸5分钟至入味，用水淀粉勾糊芡，再放入韭菜节和匀，起锅盛入盆中即成菜。

【营养成分】

热量	12 320 kcal	硫胺素	3 mg
蛋白质	446 g	核黄素	4.7 mg
脂肪	785 g	抗坏血酸	120 mg
膳食纤维	78 g	钙	3 041 mg
碳水化合物	872 g	铁	1 351.8 mg
视黄醇当量	8 145 μg	锌	29 mg

HONGSHAO FUZHU

红烧腐竹

原料质量

原料名称	质量
腐竹	5 000 g
猪碎肉	1 000 g
青椒	500 g
红椒	500 g
姜片	150 g
蒜片	200 g
马耳朵葱	400 g
泡辣椒末	200 g
精盐	125 g
味精	10 g
酱油	200 g
鲜汤	1 500 g
水淀粉	500 g
香油	50 g
色拉油	600 g

成菜标准

色泽：美观，乳黄带红绿。
形态：条状均匀、带汁亮油。
口感：质地细嫩。
味感：咸鲜醇香。

操作程序

刀工处理

1. 腐竹切成4 cm长的段。
2. 青、红椒去蒂去籽分别切成小一字条。

预制加工

1. 将腐竹放入沸水中泡涨后捞出待用。
2. 将猪碎肉炒散籽至酥香，盛盆待用。

正式烹制

锅内加入色拉油，加热至120 ℃时，放入姜片、蒜片、马耳朵葱、泡辣椒末炒出香味，加入鲜汤、腐竹、炒好的猪碎肉、青椒、红椒、酱油、精盐、味精烧沸5分钟入味后，用水淀粉勾清二流芡，加入香油和匀，盛入盆内即成。

营养成分

热量	34 132 kcal	硫胺素	9.2 mg
蛋白质	2 397 g	核黄素	6.3 mg
脂肪	2 113 g	抗坏血酸	702 mg
膳食纤维	73 g	钙	4 607 mg
碳水化合物	1 426 g	铁	883.2 mg
视黄醇当量	1 750 μg	锌	212.2 mg

SUANCAI YAXUE

酸菜鸭血

原料质量

原料名称	质量
鸭血	5 000 g
酸青菜	1 000 g
姜末	150 g
蒜末	200 g
郫县豆瓣	1 250 g
精盐	125 g
味精	10 g
酱油	100 g
鲜汤	1 500 g
葱花	100 g
水淀粉	600 g
色拉油	750 g

成菜标准

色泽：红亮。
形态：片状完整、收汁亮油。
口感：质地滑嫩。
味感：咸鲜香辣。

操作程序

刀工处理

1. 鸭血切成4 cm × 2.5 cm × 1 cm的块。
2. 酸青菜切成粗丝。

预制加工

鸭血放入沸水锅中焯水后捞出用清水漂凉。

正式烹制

锅内加入色拉油，加热至120 ℃时，放入郫县豆瓣炒香炒红，加入姜末、蒜末、酸青菜炒香，然后加入鲜汤、鸭血、酱油、精盐、味精烧沸5分钟入味，用水淀粉勾浓芡，盛入盆内撒上葱花即成菜。

营养成分

热量	11 505 kcal	硫胺素	3.5 mg
蛋白质	483 g	核黄素	6 mg
脂肪	792 g	抗坏血酸	58 mg
膳食纤维	117 g	钙	6 357 mg
碳水化合物	608 g	铁	1 403.8 mg
视黄醇当量	7 944 μg	锌	39.4 mg

JIUCAI CHAODOUGAN

韭菜炒豆干

原料质量

原料名称	质量
韭菜	5 000 g
豆干	5 000 g
精盐	125 g
味精	10 g
酱油	100 g
水淀粉	300 g
色拉油	600 g

成菜标准

色泽：碧绿色。
形态：条状。
口感：细软嫩脆。
味感：咸鲜清香。

操作程序

刀工处理

1. 韭菜切成4 cm长的节。
2. 豆干切成5 cm × 0.6 cm的长条。

正式烹制

锅中放入色拉油，加热至190℃时，放入豆干炒出香味，再放入韭菜、精盐炒断生，放入酱油、味精和匀，用水淀粉勾薄芡起锅成菜。

营养成分

热量	14 619 kcal	硫胺素	3.1 mg
蛋白质	917 g	核黄素	6.1 mg
脂肪	1 009 g	抗坏血酸	1 200 mg
膳食纤维	110 g	钙	17 215 mg
碳水化合物	462 g	铁	384.2 mg
视黄醇当量	12 100 μg	锌	103.6 mg

ROUJIANG QIETIAO

肉酱茄条

原料质量

原料名称	质量
猪碎肉	1 000 g
茄子	5 000 g
姜末	150 g
蒜末	330 g
葱花	600 g
精盐	100 g
味精	10 g
胡椒粉	8 g
料酒	100 g
酱油	75 g
甜面酱	200 g
鲜汤	1 500 g
水淀粉	750 g
色拉油	600 g

成菜标准

色泽：棕色。

形态：条状，带汁亮油。

口感：柔软。

味感：酱香浓郁。

操作程序

刀工处理

将茄子切成长6 cm × 1.2 cm见方的条。

预制加工

将猪碎肉炒散籽，加入酱油25 g、精盐20 g、料酒50 g炒至酥香，盛入盆中待用。

正式烹制

1. 将茄条放入蒸柜中蒸10分钟至软熟取出。
2. 锅内放入色拉油，加热至130 ℃时，放入姜末、蒜末、甜面酱炒出香味，加入鲜汤、肉末、精盐、味精、料酒、胡椒粉、酱油烧沸入味，用水淀粉勾清二流芡，放入葱花和匀，淋在蒸熟的茄子面上即成菜。

营养成分

热量	12 296 kcal	硫胺素	3.5 mg
蛋白质	230 g	核黄素	4.9 mg
脂肪	983 g	抗坏血酸	319 mg
膳食纤维	79 g	钙	1 763.5 mg
碳水化合物	675 g	铁	76.3 mg
视黄醇当量	1 625 μg	锌	40.8 mg

【原料质量】

原料名称	质量
冬瓜	7 500 g
金钩	500 g
姜片	150 g
葱节	300 g
精盐	150 g
味精	10 g
胡椒粉	8 g
料酒	100 g
鲜汤	1 500 g
水淀粉	500 g
香油	50 g
色拉油	500 g

【成菜标准】

色泽：色白淡雅。
形态：条状饱满，汁浓亮油。
口感：质地软熟。
味感：咸鲜清香。

【操作程序】

刀工处理

冬瓜切成小一字条。

预制加工

1. 金钩用鲜汤浸泡，放入蒸柜蒸透回软待用。
2. 冬瓜用沸水焯水断生后用清水漂凉待用。

正式烹制

锅内加入色拉油，加热至130℃时，放入姜片、葱节炒香，加入鲜汤、冬瓜、金钩、精盐、味精、胡椒粉、料酒烧沸5分钟至入味，用水淀粉勾清二流芡，加入香油和匀，盛入盆内即成菜。

【营养成分】

热量	7 753 kcal	硫胺素	0.9 mg
蛋白质	259 g	核黄素	1.9 mg
脂肪	579 g	抗坏血酸	1 374 mg
膳食纤维	59 g	钙	4 456.5 mg
碳水化合物	382 g	铁	91.5 mg
视黄醇当量	1 152 μg	锌	26.7 mg

JINGOU DONGGUA

金钩冬瓜

【成菜标准】

热量	7 688 kcal	硫胺素	3.5 mg
蛋白质	94 g	核黄素	3.4 mg
脂肪	647 g	抗坏血酸	264 mg
膳食纤维	68 g	钙	2 001.5 mg
碳水化合物	371 g	铁	90 mg
视黄醇当量	1 965 μg	锌	24.3 mg

QINGCHAO SUNER

清炒笋耳

原料质量

原料名称	质量
青笋	3 000 g
水发木耳	2 500 g
姜片	150 g
蒜片	200 g
马耳朵葱	400 g
马耳朵泡辣椒	200 g
精盐	175 g
味精	5 g
鲜汤	500 g
胡椒粉	8 g
水淀粉	300 g
香油	25 g
色拉油	600 g

成菜标准

色泽：碧绿清爽。

形态：片状、菱形分明。

口感：质地脆嫩。

味感：咸鲜清香。

操作程序

刀工处理

1. 青笋切成菱形片。
2. 木耳去蒂洗净待用。

预制加工

青笋用精盐50 g腌渍，自然滴干水分。

正式烹制

1. 将精盐、味精、胡椒粉、鲜汤、香油、水淀粉兑成味汁。
2. 锅内加入色拉油，加热至180 ℃时，放入姜片、蒜片、马耳朵葱、马耳朵泡辣椒炒香，加入青笋、水发木耳炒断生，烹入味汁，待淀粉糊化收汁亮油，起锅盛入盆内即成菜。

JIYOU HUACAI

鸡油花菜

原料质量

原料名称	质量
花菜	5 000 g
姜片	150 g
蒜片	200 g
马耳朵葱	400 g
精盐	125 g
味精	10 g
鲜汤	1 000 g
胡椒粉	5 g
水淀粉	300 g
鸡油	150 g
色拉油	500 g

成菜标准

色泽：淡黄色。

形态：块状均匀。

口感：质地软熟。

味感：咸鲜清香。

操作程序

刀工处理

花菜切成3 cm大的块。

预制加工

将花菜用沸水焯水断生后捞出用清水漂凉待用。

正式烹制

锅内加入色拉油，加热至150 ℃时，放入姜片、蒜片、马耳朵葱炒香，加入鲜汤、花菜、精盐、味精、胡椒粉烧沸2分钟，用水淀粉勾清二流芡，加入鸡油和匀，盛入盆内即成菜。

营养成分

热量	12 505 kcal	硫胺素	1.6 mg
蛋白质	115 g	核黄素	4.6 mg
脂肪	1 159 g	抗坏血酸	3 082 mg
膳食纤维	65 g	钙	1 408 mg
碳水化合物	403 g	铁	76.1 mg
视黄醇当量	395 μg	锌	21.2 mg

SANSE TUDOUSI

三色土豆丝

【原料质量】

原料名称	质量
土豆	5 000 g
青椒	500 g
红椒	500 g
精盐	150 g
味精	10 g
色拉油	500 g

【成菜标准】

色泽：红、绿、白三色相间。
形态：丝状均匀。
口感：质地脆嫩。
味感：咸鲜。

【操作程序】

刀工处理

青椒、红椒去蒂去籽后和土豆分别切二粗丝。

预制加工

将土豆丝用沸水焯水断生后捞出用清水漂凉，沥干水分待用。

正式烹制

锅内加入色拉油，加热至180℃时，放入土豆丝、青椒丝、红椒丝炒断生，加入精盐、味精炒匀，盛入盆内即成菜。

【营养成分】

热量	8 515 kcal	硫胺素	4.3 mg
蛋白质	112 g	核黄素	2.4 mg
脂肪	512 g	抗坏血酸	2 020 mg
膳食纤维	53 g	钙	635 mg
碳水化合物	864 g	铁	56 mg
视黄醇当量	820 μg	锌	21.7 mg

XIANGGU CAIXIN

香菇菜心

原料质量

原料名称	质量
菜心	4 000 g
鲜香菇	1 000 g
姜片	150 g
葱节	300 g
蚝油	200 g
酱油	100 g
精盐	150 g
味精	10 g
鲜汤	1 000 g
胡椒粉	8 g
水淀粉	350 g
香油	30 g
色拉油	500 g

成菜标准

色泽：墨绿相间。
形态：自然。
口感：质地熟软。
味感：咸鲜清香。

操作程序

刀工处理

1. 菜心对剖成两瓣。
2. 鲜香菇切成四芽瓣。

预制加工

将菜心、鲜香菇分别用沸水焯水断生后捞出用清水漂凉，沥干水分待用。

正式烹制

锅内加入色拉油，加热至150℃时，放入姜片、葱节炒香，加入鲜汤、菜心、鲜香菇、精盐、味精、胡椒粉、酱油、蚝油烧沸2分钟后，捡出姜片、葱节，用水淀粉勾清二流芡，加入香油和匀，盛入盆内即成菜。

营养成分

热量	6 130 kcal	硫胺素	0.9 mg
蛋白质	89 g	核黄素	4.5 mg
脂肪	544 g	抗坏血酸	1 130 mg
膳食纤维	77 g	钙	3 772.4 mg
碳水化合物	220 g	铁	97 mg
视黄醇当量	11 200 μg	锌	29.5 mg

QIANGCHAO LIANBAI

炝炒莲白

原料质量

原料名称	质量
莲白	5 000 g
干辣椒节	350 g
花椒	50 g
精盐	200 g
味精	20 g
色拉油	600 g

成菜标准

色泽：浅茶色。
形态：片状、自然。
口感：质地脆嫩。
味感：咸鲜酸甜、略带麻辣。

操作程序

刀工处理

莲白切成菱形片。

预制加工

将莲白放入沸水锅中焯水至断生后捞出用清水漂凉，沥干水分。

正式烹制

锅内加入色拉油，加热至150℃时，放入干辣椒节、花椒炒成棕红色出香味时，放入莲白炒匀，加入精盐、味精和匀，盛入盆中即成菜。

营养成分

热量	6 488 kcal	硫胺素	1.5 mg
蛋白质	75 g	核黄素	1.5 mg
脂肪	609 g	抗坏血酸	34.4 mg
膳食纤维	50 g	钙	2 558 mg
碳水化合物	180 g	铁	40.2 mg
视黄醇当量	600 μg	锌	13.9 mg

QINGCHAO PIAOERBAI

清炒瓢儿白

【原料质量】

原料名称	质量
瓢儿白	5 000 g
蒜茸	200 g
精盐	125 g
味精	10 g
水淀粉	150 g
色拉油	600 g

【成菜标准】

色泽：碧绿清爽。
形态：自然形状。
口感：质地细嫩。
味感：咸鲜清香。

【操作程序】

刀工处理

瓢儿白切成四芽瓣。

预制加工

将瓢儿白放入沸水锅中焯水至断生，捞出用清水漂凉。

正式烹制

锅内加入色拉油，加热至150 ℃时，放入蒜茸炒出香味，放入瓢儿白炒匀，加入精盐、味精炒匀，用水淀粉勾薄芡起锅，盛入盆内即成菜。

【营养成分】

热量	6 649 kcal	硫胺素	1.6 mg
蛋白质	80 g	核黄素	2.2 mg
脂肪	604 g	抗坏血酸	1 414 mg
膳食纤维	47 g	钙	1 949.5 mg
碳水化合物	222 g	铁	45.6 mg
视黄醇当量	660 μg	锌	33.7 mg

WANZITANG

丸子汤

【原料质量】

原料名称	质量
鲜汤	15 000 g
猪碎肉	1 250 g
豆芽	1 250 g
菜心	500 g
水发黄花	500 g
鸡蛋	250 g
姜末	100 g
葱花	100 g
精盐	60 g
酱油	60 g
味精	10 g
胡椒粉	10 g
料酒	100 g
水淀粉	350 g
香油	30 g

【成菜标准】

色泽：茶色。
形态：球状自然。
口感：细嫩、爽口。
味感：咸鲜鲜香。

【操作程序】

预制加工

猪碎肉加入精盐20 g、味精3 g、胡椒粉5g、葱花50 g、姜米、鸡蛋液搅拌上劲，再加入水淀粉搅拌均匀成肉馅。

正式烹制

锅内放入鲜汤，加入精盐、料酒、酱油、味精、胡椒粉，旺火加热至沸后，改用小火保持微沸，将肉馅挤成直径2 cm大的肉丸，放入汤中煮至熟透；再放入豆芽、菜心、黄花，煮沸至断生后盛入汤盆中，淋上香油，撒上葱花即成。

【营养成分】

热量	6 128 kcal	硫胺素	5.5 mg
蛋白质	224 g	核黄素	5 mg
脂肪	514 g	抗坏血酸	1 025 mg
膳食纤维	21 g	钙	5 330 mg
碳水化合物	208 g	铁	352.3 mg
视黄醇当量	6 708 μg	锌	76.8 mg

QINGCAI ROUSITANG

青菜肉丝汤

原料质量

原料名称	质量
鲜汤	15 000 g
猪臀肉	1 250 g
瓢儿白	1 250 g
粉丝	250 g
精盐	60 g
味精	10 g
胡椒粉	10 g
料酒	100 g
水淀粉	150 g
香油	30 g

成菜标准

色泽：翠绿。
形态：丝状均匀。
口感：细嫩、爽口。
味感：咸鲜鲜香。

操作程序

刀工处理

1. 猪肉切成二粗丝。
2. 瓢儿白洗净，切成四芽瓣。

预制加工

1. 猪肉丝加入精盐20 g、料酒码味，再用水淀粉拌匀上浆。
2. 瓢儿白放入沸水中，焯水至断生，捞出用清水漂凉。
3. 粉丝用温水泡涨，用剪刀剪成12 cm长。

正式烹制

锅内放入鲜汤，加入精盐、味精、胡椒粉、粉丝，旺火加热至沸后，改用小火保持微沸，将肉丝抖散滑入锅中煮至熟透，再放入瓢儿白，沸后盛入汤盆中，淋上香油即成。

营养成分

热量	5 739 kcal	硫胺素	3.2 mg
蛋白质	284 g	核黄素	2.6 mg
脂肪	494 g	抗坏血酸	350 mg
膳食纤维	11 g	钙	535.9 mg
碳水化合物	196 g	铁	32 mg
视黄醇当量	1 588 μg	锌	33.5 mg

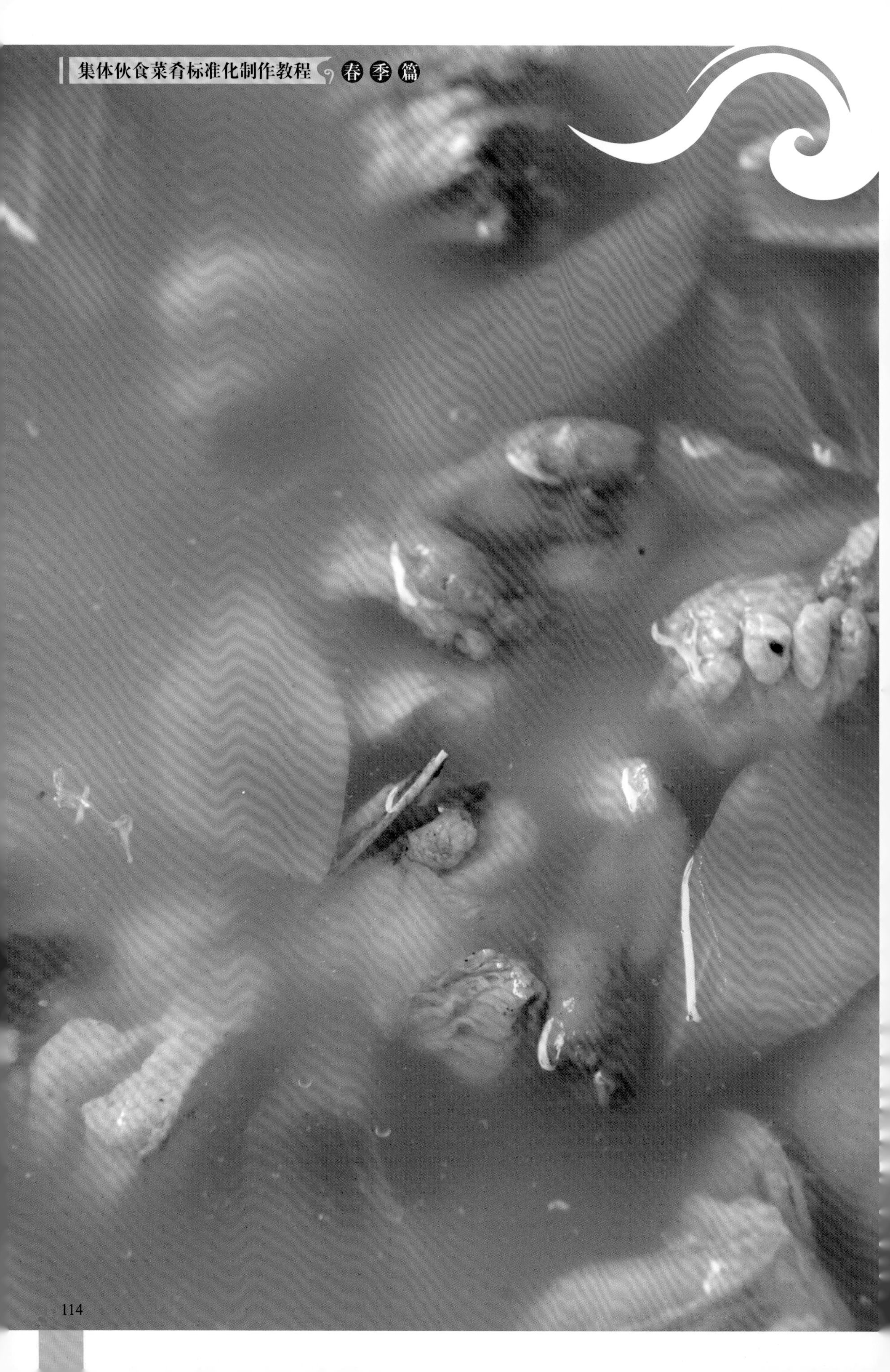

QINGSUN DUNJITANG

青笋炖鸡汤

【原料质量】

原料名称	质量
鲜汤	15 000 g
土鸡	1 250 g
青笋	1 250 g
姜末	50 g
精盐	60 g
味精	10 g
胡椒粉	10 g
料酒	100 g

【成菜标准】

色泽：绿色。

口感：细嫩爽口。

味感：咸鲜清香。

【操作程序】

刀工处理

1. 将鸡斩成2.5 cm大的块。
2. 青笋切成滚刀块。

正式烹制

锅内放入鲜汤，加入精盐、姜末、料酒、胡椒粉、味精、鸡块，旺火加热至沸后撇去浮沫，改用小火将鸡肉煮至软熟，放入青笋煮熟，起锅盛入汤盆中即成。

【营养成分】

热量	1 725 kcal	硫胺素	1.4 mg
蛋白质	273 g	核黄素	1.3 mg
脂肪	58 g	抗坏血酸	50 mg
膳食纤维	8 g	钙	400 mg
碳水化合物	28 g	铁	37.5 mg
视黄醇当量	1 113 μg	锌	17.4 mg

ZICAI PAIGUTANG

紫菜排骨汤

【原料质量】

原料名称	质量
鲜汤	15 000 g
排骨	2 000 g
紫菜	500 g
姜片	50 g
葱段	100 g
葱花	100 g
花椒	5 g
精盐	60 g
味精	20 g
胡椒粉	10 g
料酒	100 g

【成菜标准】

色泽：墨绿色。
口感：软熟。
味感：咸鲜清香。

【操作程序】

预制加工

紫菜用清水泡涨。

刀工处理

将排骨斩成3 cm长的段。

正式烹制

锅内放入鲜汤，加入排骨、姜片、葱段、花椒、精盐、味精、料酒、胡椒粉，旺火加热至沸后撇去浮沫，改用小火将排骨煮至软熟，放入紫菜烧至入味后，起锅盛入汤盆中，撒上葱花即成。

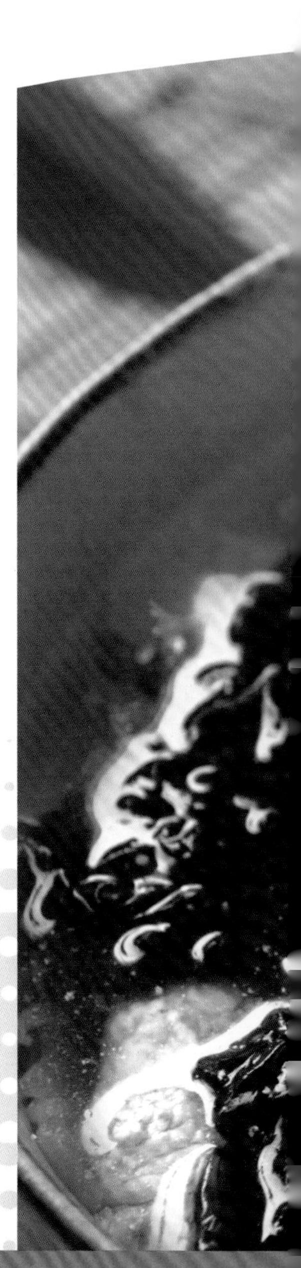

【营养成分】

热量	7 985 kcal	硫胺素	8.9 mg
蛋白质	551 g	核黄素	9.1 mg
脂肪	583 g	抗坏血酸	10 mg
膳食纤维	108 g	钙	1 670 mg
碳水化合物	130 g	铁	309.5 mg
视黄醇当量	1 265 μg	锌	96.3 mg

热量	3 298 kcal	硫胺素	7.2 mg
蛋白质	269 g	核黄素	1.8 mg
脂肪	181 g	抗坏血酸	293.5 mg
膳食纤维	9 g	钙	416 mg
碳水化合物	151 g	铁	51.7 mg
视黄醇当量	2 260 μg	锌	40.4 mg

FANQIE ROUPIANTANG

番茄肉片汤

原料质量

原料名称	质量
鲜汤	15 000 g
猪臀肉	1 250 g
番茄	1 000 g
番茄酱	200 g
小白菜	200 g
姜末	50 g
葱花	100 g
精盐	60 g
味精	20 g
胡椒粉	10 g
料酒	100 g
水淀粉	300 g
色拉油	100 g

操作程序

刀工处理

1. 将猪肉切成薄片。
2. 将番茄焯水后捞出用清水漂凉，撕去皮，切成0.3 cm厚的荷叶片。

预制加工

肉片用精盐20 g、料酒50 g码味，再用水淀粉拌匀上浆。

正式烹制

锅内放入色拉油，旺火加热至120 ℃时，放入番茄酱炒香炒红，加入鲜汤、姜末、精盐、胡椒粉、料酒，沸后改用小火保持微沸，将肉片抖散入锅煮至熟透后，撇去浮末，放入番茄片、小白菜煮沸至断生，起锅盛入汤盆中，撒上葱花即可。

成菜标准

色泽：浅红色。
口感：细嫩、爽口。
味感：咸鲜清香。

ZHUTI HAIDAITANG

猪蹄海带汤

【原料质量】

原料名称	质量
鲜汤	15 000 g
猪蹄	1 250 g
水发海带	1 250 g
姜片	50 g
葱段	100 g
花椒	5 g
精盐	60 g
味精	20 g
胡椒粉	10 g
料酒	100 g

【成菜标准】

色泽：自然。
口感：软熟。
味感：咸鲜清香。

【操作程序】

刀工处理

1. 猪蹄斩成3 cm大的块。
2. 水发海带切成粗丝。

预制加工

将猪蹄、海带丝分别放入沸水中焯水后捞出用清水漂凉。

正式烹制

锅内放入鲜汤，加入猪蹄、海带丝、姜片、葱段、花椒、精盐、味精、料酒、胡椒粉，旺火加热至沸后撇去浮沫，改用小火将猪蹄煮至软熟，盛入盆中即可。

【营养成分】

热量	3 400 kcal	硫胺素	0.9 mg
蛋白质	298 g	核黄素	3.1 mg
脂肪	236 g	钙	987.5 mg
膳食纤维	6 g	铁	25 mg
碳水化合物	20 g	锌	16.3 mg
视黄醇当量	38 μg		

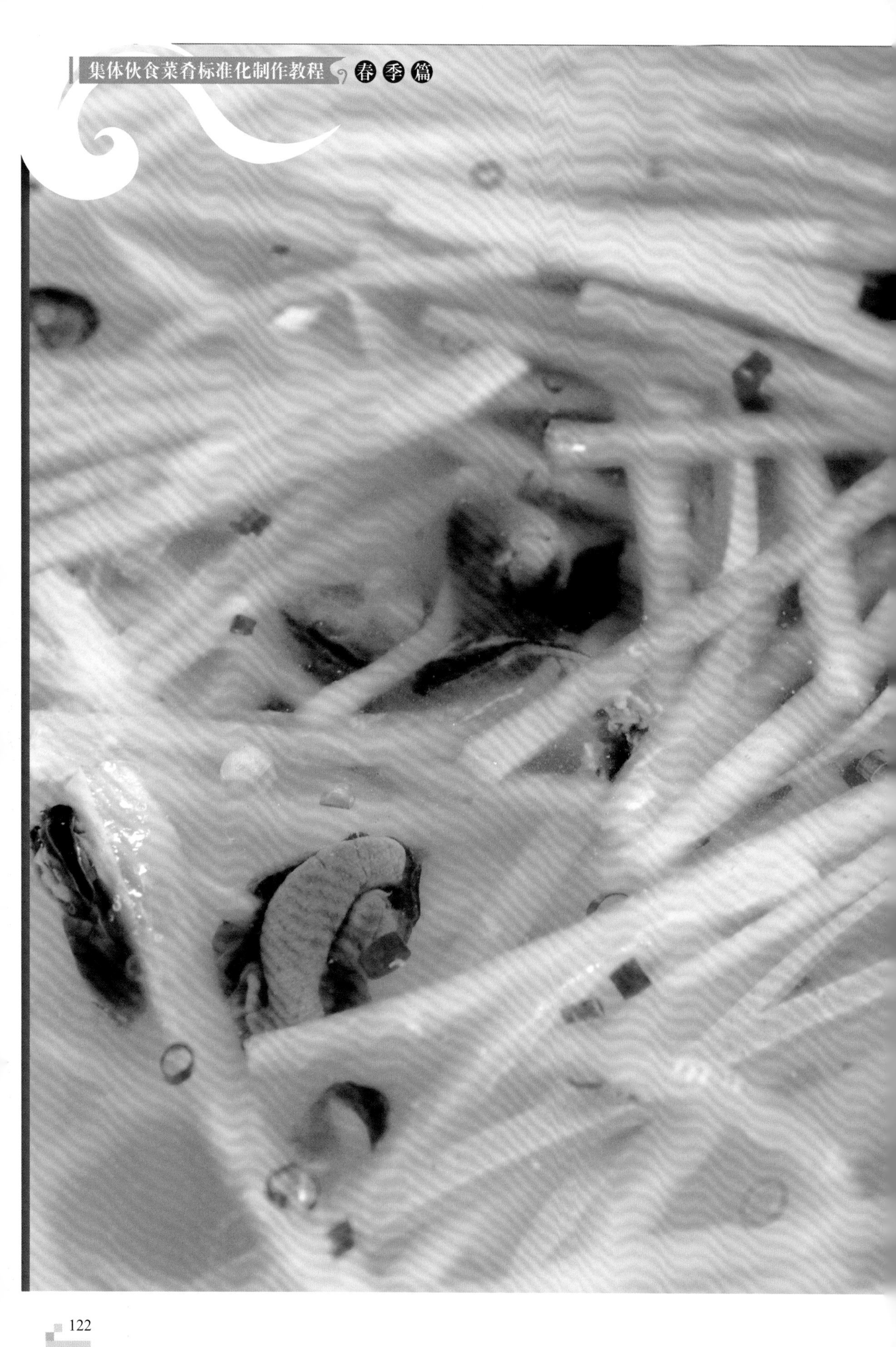

LUOBOSI DANCAITANG

萝卜丝淡菜汤

原料质量

原料名称	质量
鲜汤	15 000 g
水发淡菜	1 250 g
萝卜	1 250 g
葱段	30 g
姜末	50 g
香油	30 g
葱花	100 g
精盐	60 g
味精	10 g
胡椒粉	10 g
料酒	100 g

成菜标准

色泽：浅白色。

口感：软熟。

味感：咸鲜清香。

操作程序

刀工处理

将萝卜去皮切成二粗丝。

正式烹制

锅内放入鲜汤，加入姜末、葱段、精盐、味精、胡椒粉、料酒、水发淡菜、萝卜丝，旺火加热至沸，改用小火煮至萝卜丝软熟，淋入香油，起锅盛入盆中，撒上葱花即可。

营养成分

热量	4 688 kcal	硫胺素	0.8 mg
蛋白质	609 g	核黄素	4.4 mg
脂肪	118 g	抗坏血酸	262.5 mg
膳食纤维	13 g	钙	2 412.5 mg
碳水化合物	301 g	铁	162.5 mg
视黄醇当量	113 μg	锌	87.6 mg

BAIHE XIAPITANG

百合虾皮汤

原料质量

原料名称	质量
鲜汤	15 000 g
鲜百合	1 750 g
虾皮	500 g
枸杞	100 g
姜末	50 g
葱段	50 g
葱花	100 g
精盐	60 g
味精	20 g
胡椒粉	10 g
料酒	100 g

成菜标准

色泽：自然。
口感：细嫩。
味感：咸鲜清香。

操作程序

预制加工

1. 枸杞、虾皮分别用温水泡透。
2. 百合去蒂，分成瓣片。

正式烹制

锅内放入鲜汤，加入姜末、葱段、精盐、味精、胡椒粉、料酒、虾皮，旺火加热至沸后改用小火煮30分钟，放入百合、枸杞煮沸至断生，盛入盆中，撒上葱花即可。

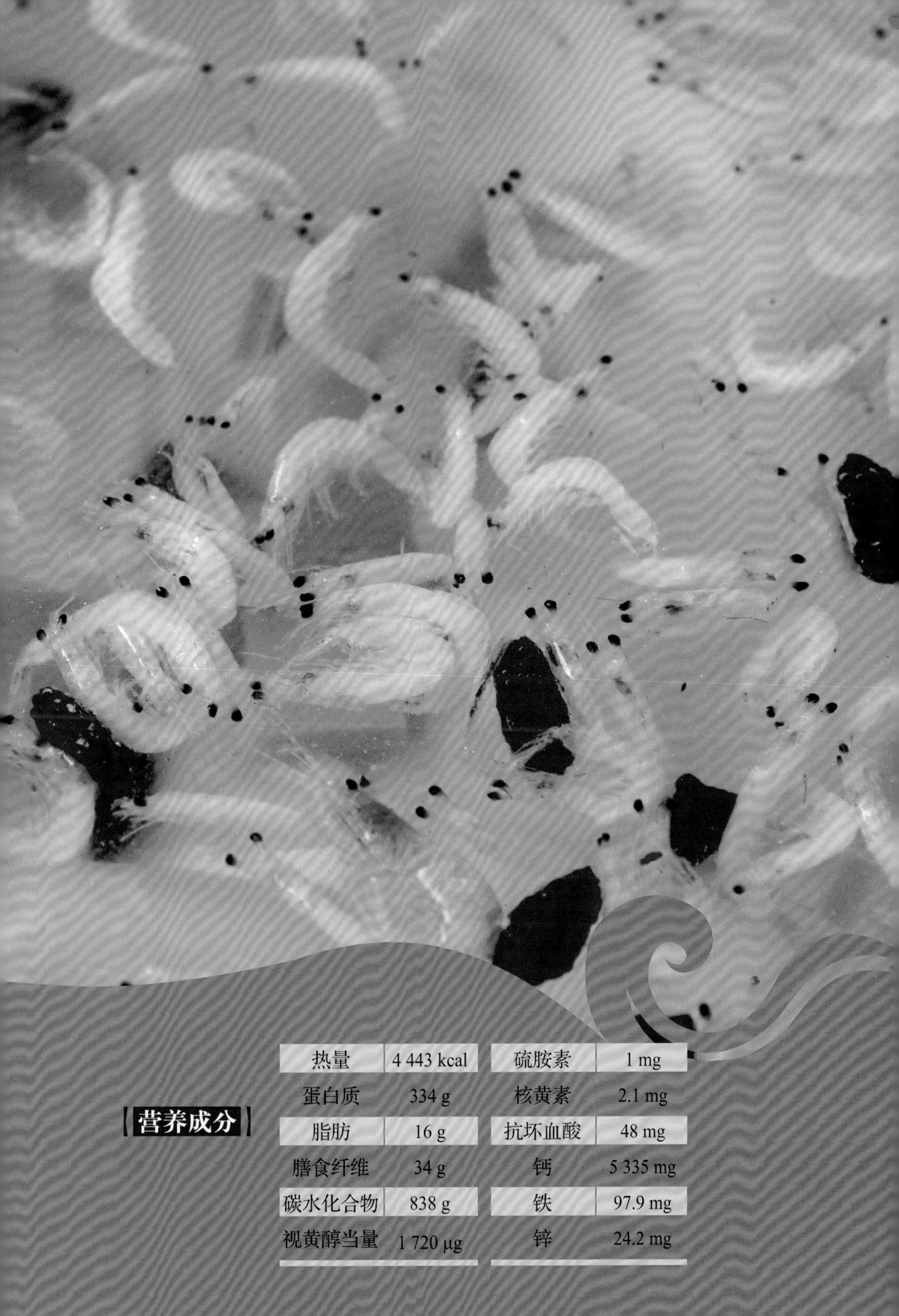

【营养成分】

热量	4 443 kcal	硫胺素	1 mg
蛋白质	334 g	核黄素	2.1 mg
脂肪	16 g	抗坏血酸	48 mg
膳食纤维	34 g	钙	5 335 mg
碳水化合物	838 g	铁	97.9 mg
视黄醇当量	1 720 μg	锌	24.2 mg

【原料质量】

原料名称	质量
面粉	10 000 g
猪绞肉	10 000 g
碎米芽菜	4 000 g
精盐	300 g
味精	30 g
胡椒粉	15 g
白糖	400 g
猪油	150 g
温水	5 400 g
料酒	200 g
酱油	300 g
花椒粉	40 g
姜	100 g
葱	1 000 g
酵母	100 g
泡打粉	70 g
色拉油	500 g

【成菜标准】

色泽：洁白。
形态：光滑饱满。
口感：松泡软绵。
味感：咸鲜味美，芽菜味浓。

【操作程序】

刀工处理

将姜剁成姜米，葱切成葱花。

正式制作

1. 面粉加入酵母、泡打粉、白糖200 g、猪油和温水调制成光滑的软面团，并盖上湿毛巾发酵。
2. 锅内加入色拉油烧至三成热，将猪肉的一半入锅炒散籽，加料酒、姜米、精盐、味精、花椒粉、胡椒粉、酱油炒香炒上色，再加入碎米芽菜、白糖反复煸炒至芽菜香味浓郁起锅，待其晾冷后再与剩余猪肉和葱花调拌均匀即成馅心。
3. 将发酵好的面团搓成长条扯成面剂，然后擀成中略厚边薄的圆皮，放入馅心捏成包子形状，然后放入刷油的蒸笼内饧置5分钟左右。
4. 将饧置好的包子放入蒸箱蒸约12分钟即成。

【营养成分】

热量	82 496 kcal	硫胺素	51.2 mg
蛋白质	2 528 g	核黄素	26.4 mg
脂肪	4 510 g	抗坏血酸	80 mg
膳食纤维	294 g	钙	10 070 mg
碳水化合物	8 406 g	铁	676.9 mg
视黄醇当量	14 761 μg	锌	396.6 mg

YACAI BAOZI

芽菜包子

【营养成分】

热量	43 333 kcal	硫胺素	28.3 mg
蛋白质	1 154 g	核黄素	10.5 mg
脂肪	904 g	抗坏血酸	160 mg
膳食纤维	26 g	钙	3 750 mg
碳水化合物	7 654 g	铁	360.9 mg
视黄醇当量	268 μg	锌	168 mg

CONGXIANG HUAJUAN

葱香花卷

原料质量

原料名称	质量
面粉	10 000 g
白糖	400 g
猪油	250 g
精盐	200 g
色拉油	500 g
酵母	100 g
泡打粉	70 g
花椒粉	50 g
葱	2 000 g
温水	5 200 g

成菜标准

色泽：洁白。

形态：光滑饱满、形态美观。

口感：松泡软绵。

味感：咸鲜微麻、葱香浓郁。

操作程序

刀工处理

将葱改刀切成细葱花。

正式制作

1. 面粉加入酵母、泡打粉、白糖、猪油和温水调制成光滑的软面团，并盖上湿毛巾发酵。
2. 将发酵好的面团用压面机反复压至面团光滑，再将其擀成厚约0.5 cm厚薄均匀的方形面皮，在表面刷上一层色拉油，撒上精盐、花椒粉和葱花抹匀，再将其卷成圆筒，稍搓用刀切成面剂，再塑造形状，放入刷油的蒸笼内饧发5分钟。
3. 将发好的花卷生坯放入蒸箱旺火蒸10分钟即可。

YOUTIAO

油条

原料质量

原料名称	质量
面粉	10 000 g
鸡蛋	1 000 g
色拉油	20 000 g（实耗1 000 g）
精盐	160 g
泡打粉	80 g
小苏打	80 g
清水	5 600 g

成菜标准

色泽：金黄色。
形态：笔直饱满。
口感：酥脆松泡。
味感：咸鲜适口、酥香化渣。

操作程序

前期准备

先按照配方要求将各原料称量好待用。

正式制作

1. 面粉加入鸡蛋、泡打粉、小苏打、精盐和清水调制成团，然后加入色拉油反复叠揉至面团光滑细腻，不粘容器不粘手，取出面团在表面刷上一层色拉油，并盖上湿毛巾饧面50分钟。
2. 案板撒上少许干面粉，将饧好的面团拉成长条，用双手将其溜成厚约0.5 cm、宽约10 cm的长条，再用刀横条切成2.5 cm宽的条即为面剂。
3. 锅内加油烧至七成热，将两个面剂叠在一起，再用竹筷顺条压一下，用双手拉长至27 cm放入油锅，并用竹筷不断翻炸，炸至油条膨胀，色泽金黄起锅。

营养成分

热量	44 760 kcal	硫胺素	28.9 mg
蛋白质	1 247 g	核黄素	11.1 mg
脂肪	1 238 g	钙	3 760 mg
膳食纤维	210 g	铁	387 mg
碳水化合物	7 165g	锌	176.3 mg
视黄醇当量	3 100 μg		

CONGYOUBING

葱油饼

原料质量

原料名称	质量
面粉	10 000 g
酵母	70 g
泡打粉	50 g
白糖	300 g
猪油	350 g
精盐	200 g
葱	1 500 g
色拉油	1 200 g
清水	5 200 g

操作程序

刀工处理

将葱切成细葱花。

正式制作

1. 面粉加入酵母、泡打粉、白糖、猪油和清水调制成光滑的软面团，并盖上湿毛巾饧置5分钟。
2. 将饧好的面团擀成厚约0.8 cm厚薄均匀的方形面皮，在表面刷上一层色拉油，撒上精盐和葱花抹匀，再将面皮对叠，用面棒擀薄即成生坯。
3. 煎锅内加适量的色拉油烧至三成热，放入生坯煎至色黄，再翻面煎至金黄色，用刀具切成小方块即成。

成菜标准

色泽：金黄色。

形态：方正饱满。

口感：酥香松泡。

味感：咸鲜味美、葱香浓郁。

营养成分

热量	49 966 kcal	硫胺素	28.2 mg
蛋白质	1 146 g	核黄素	9.9 mg
脂肪	1 701 g	抗坏血酸	120 mg
膳食纤维	230 g	钙	3 736 mg
碳水化合物	7 528 g	铁	372.2 mg
视黄醇当量	245 μg	锌	168.9 mg

NAIBAI MANTOU

奶白馒头

原料质量

原料名称	质量
面粉	10 000 g
酵母	100 g
泡打粉	70 g
白糖	750 g
炼乳	400 g
猪油	200 g
温水	5 000 g

成菜标准

色泽：洁白。

形态：光滑饱满。

口感：松泡软绵。

味感：松软香甜、奶香浓郁。

操作程序

前期准备

先按照配方要求将各原料称量好待用。

正式制作

1. 面粉加入酵母、泡打粉、炼乳、白糖、猪油和温水调制成光滑偏硬的软面团，并盖上湿毛巾饧置5分钟。
2. 将饧好的面团放入压面机上反复压制多次，直到面团表面光滑细腻，再压成薄片，由外向内卷成圆柱形长条下剂，将面剂反复搓揉光滑呈球状体即为生坯，放入发酵箱内发酵。
3. 将发酵好的生坯放入蒸箱用旺火蒸10分钟即成。

营养成分

热量	40 522 kcal	硫胺素	28.2 mg
蛋白质	1 152 g	核黄素	8.7 mg
脂肪	384 g	抗坏血酸	8 mg
膳食纤维	210 g	钙	4 218 mg
碳水化合物	8 121 g	铁	356.1 mg
视黄醇当量	218 μg	锌	170.6 mg